未来能源
让地球动起来

探索月球
神秘而强大

神奇地球
蔚蓝的家园

神秘机器人
人工智能和超级好帮手

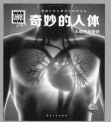
奇妙的人体
大自然的奇迹

深海之谜
生机勃勃的黑暗国度

太空之旅
深入宇宙的探险

走进热带雨林
地球的绿色宝库

宇宙中的星体
打开探索宇宙的大门

伟大的发明
天才与灵感的杰作

神奇的火车
沿着铁轨疾驰而来

沙漠之旅
驼队、绿洲和无尽的远方

显微镜探秘
肉眼看不见的微小世界

野生动物
从未被驯服的野性

奇趣萌宠
人类的好朋友

鸟类不简单
天空中的技艺表演

神秘的古埃及
尼罗河畔的金色帝国

印第安人
北美原住民

伟大的探险家
跟随他们的脚步，探索全世界

未来世界
一切皆在变化之中

蛇的故事
拥有敏锐感官的猎手

考古探秘
发掘历史的宝藏

马的生活
人类忠实的伙伴

舞蹈的魅力
翩翩起舞

生物质资源
植物动力引领未来

石器时代
火的控制与使用

第一辑·全10册　第二辑·全10册　第三辑·全10册　第四辑·全10册　第五辑·全10册　第六辑·全10册　第七辑·全8册

WAS IST WAS

学习源自好奇 科学改变未来

U0182224

WAS
IST
WAS
珍藏版

伟大的发明
天才与灵感的杰作

[德] 曼弗雷德·鲍尔 / 著   张依妮 / 译

航空工业出版社

方便区分出
不同的主题!

真相大搜查

18

真想像小鸟一样翱翔在天空!空中飞行绝非易事,莱特兄弟历经重重困难,终于冲上云霄!

4

"门罗公园的魔术师"发明了电灯和很多其他的东西,他究竟是谁呢?

10

灵光乍现! 完美的发明! 赶紧申请专利,保护伟大的新发明!

12 交通工具大发明

21

火箭一飞冲天! 也许在不远的未来它就能搭载太空探险者,乘坐太空电梯进入浩瀚的宇宙。

4 改变世界的发明

箭头符号 ▶ 代表内容
特别有趣!

13

车轮咕噜咕噜地转动! 人类先发明了车轮、道路和发动机,然后才创造了汽车。

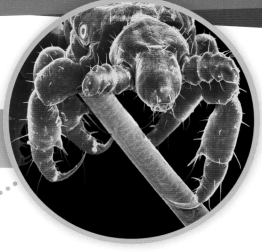

22

恶心的小怪物！电子扫描显微镜可以放大又讨厌又小的头虱。

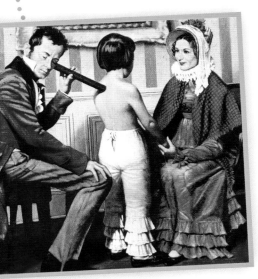

24

深呼吸！听诊器迈出医学发明的第一步，X射线和计算机还能透视我们的身体结构。

35

你好，我是电话！你可以转动圆盘上的数字，拨打电话号码。

28

超级大发明！有了印刷机，我们可以把文字记录在纸上，让知识和文明永远流传。

46

采访：谁是超级光源？
灯泡还是 OLED？
我才是未来的超级光源！

重要名词解释！

世界发明大王

提起伟大的发明和发明家，我们常常会被电灯的发明者——美国科学家托马斯·阿尔瓦·爱迪生（1847—1931）所震撼。其实早在他之前就有人发明了灯泡，但爱迪生通过几千次反复试验后，发明了更物美价廉、经久耐用的灯泡。他曾经梦想有一天能让普通家庭和公司都用上电，并最终凭借坚持不懈的努力，将这个想法变成了现实，所以他是这个电力世界伟大的英雄。

强烈的好奇心和进取心

爱迪生从小就对热气球、电池和蒸汽机充满好奇。他曾经把自家的地下室变成一个化学实验室，还经常将兼职卖菜和卖报纸赚来的钱用来购买化学药品和实验设备。后来他用卖报挣来的钱买了一台旧印刷机，自己兼任社长、记者、印刷工人、发行人和报童，出版自己主编的报纸。15岁时，爱迪生正式成为了一名电报员，不过当时的电报主要使用莫尔斯电码发送信息，操作十分麻烦。

第一项发明

为了让美国国会的投票流程变得更简单，爱迪生利用电报机的工作原理，发明了"投票计数器"。国会议员只要按一下投票按钮，计数器就能自动统计赞成或否决的票数，这个发明是爱迪生在美国的第一项专利。接着，他发明了可以快速发送字母和数字的股票报价机，在此基础上又发明了普用印刷机，并因此获得了4万美元的专利

爱迪生是一个不知疲倦的发明家，他希望用科学和技术来改善人们的生活。

发明大王爱迪生在实验室里经历了一次又一次的失败。

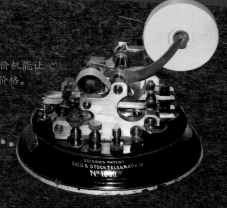

更 亮

1879 年，爱迪生发明了第一款实用价值高的白炽灯，第二年获得专利。

奇妙的科技世界：爱迪生的留声机让每个人的声音都可以被记录下来。

出让费，这在当时可是很大一笔钱。后来，他用这笔钱在纽约附近的新泽西州开了一家制造各种电气机械的公司。他还先后发明了二重、四重电报机，让人们可以通过一根电报线在同一时间内传输多条信息，这种电报机还可以传输图纸。爱迪生一生在美国拿到了 1093 项专利，在全世界拿到了 2000 多项专利。

魔术师

在十九世纪中后期，电力几乎全部用于发送电报，蒸汽机仍然是当时最重要的动力机械。爱迪生想要改变这种局面，他觉得未来是电气时代，未来的能源供应少不了电力和电网。为了研发电力能源的新用途，他在新泽西州的门罗公园建造了一座更大的实验室。在那里，他改进了电话，并发明了一种新型麦克风，这种麦克风可以不断放大电信号，从而放大声音信号。爱迪生还想要记录声音，于是又发明了留声机，这是一个由大圆筒、曲柄、受话机和膜板组成的"怪机器"。爱迪生对着一个连接膜板的受话机说话，声音会让膜板振动。膜板上面装有一根钢针，它会通过膜板的振动在锡箔纸上刻出深浅不同的槽纹。用手摇动曲柄，圆筒转起来，这样就能边旋转边将声音记录到锡箔纸上。

夜晚变成白天

在电灯问世之前，是煤气灯照亮了夜晚的

街道。人们曾经尝试用灯泡取代煤气灯，但并没有成功，因为灯泡的灯丝太容易被烧断了。爱迪生喜欢在晚上工作，所以他想要发明出持久耐用的灯泡。在反复试验后，他把一根碳化棉线装进灯泡里，最终这个灯泡亮了 40 多个小时，爱迪生成功地将灯泡的照明时间变长了。后来他又研制出了一整套照明系统，包括发电机、电表、开关、保险丝和电线等。从 1879 年开始，第一个带 25 个灯泡的照明系统照亮了他的实验室和办公室。随后，爱迪生创立了自己的电力公司"爱迪生电灯公司"，主要生产螺旋状白炽灯。他还开设了其他工厂，主要用于生产发电机、电线、开关和电网等。最后，爱迪生在纽约的曼哈顿建立了世界上第一座发电厂，之后增开了更多的发电厂。所以，当我们今天听音乐或开灯的时候，应该感谢这位伟大的发明家——托马斯·阿尔瓦·爱迪生。

为什么爱迪生会成功呢？因为他可以很快地将想法绘成草图，他的机械师按照这个草图制造出了第一台样机。

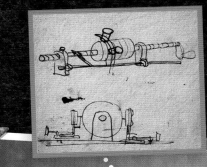

爱迪生的留声机留住了人们的声音。后来人们又发明了电唱机、CD 光盘和 MP3 播放器。

我们的祖先是非常伟大的发明家，他们学会了制作工具和用火。

发明家的伟大发明

在不同的时代，人们会为了解决问题和实现目标想出各种各样的方法。提到"发明"这个词，人们通常会想到某种科技发明成果，但是，发明也可以是某种方法或程序。新的发明通常是从旧的发明发展而来的，这样的例子我们可以一直追溯到石器时代。

发明和发现

"发明"和"发现"有什么区别？"发现"是本来就存在的东西被人们找到或知道了，就像深海中的新物种或者自然界的化学元素；而"发明"是人们利用已经存在的事物创造出新的事物。"阳光由七色光组成"是一种发现，而"灯泡"却是一种发明，它改变了人们的生活，让人们可以在夜间读书或工作。有些发明要经过几年、几十年甚至几百年才能被创造出来，并进行传播。达·芬奇（1452—1519）很早就画出了飞行器的草图，但世界上第一架滑翔机到1891年才被建造出来进行测试，从此，航空事业开始飞速发展。但是，发明和发现往往密切相关，人们发现的自然现象和规律越多，就越能把它们用于创造新的

石器时代的人们就会画画了，他们在洞壁上画出用武器猎杀的动物。

会唱歌的骨头

世界上最古老的乐器之一出现在德国南部阿赫谷中的"霍勒·费尔"山洞里，它是用兀鹫的骨头做成的骨笛，已有35000年的历史。

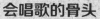

锋利的石头

锋利的石头被制成石刀、手斧和矛头。这些石制工具与骨头和木头一起配合使用，可以用来割草、切肉和加工动物皮毛。

钻木取火

摩擦生热。利用弓钻让木棒和木板快速摩擦，可以点燃木柴、碎屑和其他物质。

发明。而新的发明又会反过来帮助人们破译自然规律，这样一来，新的发现也会越来越多，所以我们并不能把发明和发现割裂开来。

最早的发明家

在大约250万年前，两种原始人类——能人和卢多尔夫人首先制造了原始石器。最初，我们的祖先只会使用粗糙的石头，他们抓住石头的圆边，用锋利的一头来敲打骨头等硬物。后来他们开始用石头打磨出锋利的工具，制造出了石刀、手斧和矛头，还用木头和骨头制造出了木铲、锤子和锄头。我们的祖先不断发明各种工具，并把它们传给下一代。人类利用祖先的发明，创造出越来越先进的打猎工具，比如矛、弹弓、飞镖和弓箭，还学会了用刮削器来获取和加工动物皮毛，制作衣服和鞋子，并用骨针或象牙针缝制皮革。

火的力量

据考古学家考证，大约在100多万年前，人类就开始使用火了。人们最初并不会生火，他们只能利用电闪雷击产生的自然火，通过燃烧树枝来保存火种。如果他们要迁徙到其

他地方，他们会把这些来之不易的火折子放到一个由土壤烧制而成的火种器里，到达下一个地方时就可以重新生火。后来，人们发明了两种可以随时生火的方法：一是击石取火，打火石和黄铁矿相互撞击会产生大量的火花；二是钻木取火，木棒对着木板使劲钻动，摩擦产生的热量也可以点燃干草或干苔藓。

与火有关的发明

火推动了人类的创造发明，比如人类用植物纤维制作灯芯，插在动物脂肪或动物油中燃烧发光。火为人类带来了光明和热量，火堆可以吓跑野生动物，还可以用来做饭和烤肉。人们通过实验发现，潮湿的黏土在火中燃烧后会变硬，于是学会了用火烧制各种陶器。在大约5000到3000年前的青铜器时代，人们甚至学会了用火来冶炼金属。

➤ 你知道吗？

动物发明家：在澳大利亚有一群海豚，它们在海底觅食时会给尖尖的嘴巴戴上一个海绵口罩，以防止敏感的口鼻部位受伤。乌干达的黑猩猩会用青苔海绵从树洞中把水吸出来。而几内亚的黑猩猩会用石头锤子敲开坚硬的果实，它们会将果实放在一块平坦的石头上，然后用石块凿开它们。

推动世界 的动力

从 19 世纪中叶开始，人们在工厂利用蒸汽机生产货物，用蒸汽机车和汽船运输货物和人。蒸汽机加快了人们的生活节奏，改变了人们的生活方式。

最初，人类必须依靠人力来抽水和磨碎谷物。后来，他们渐渐懂得利用动物、水力和风力。如今，人们发明了水轮、发电机和风力涡轮机等机械，可以更好地利用能源。

新时代的发动机

1712 年，英国人托马斯·纽科门制造出早期的蒸汽机，但它十分笨重，工作效率很低，只能用于从矿井中抽水。1782 年，苏格兰人詹姆斯·瓦特取得双向式蒸汽机的发明专利，他利用蒸汽压力驱动活塞，研制出了高压蒸汽机。

这种新型的蒸汽机是一项伟大的发明，为工厂里不同种类的机器提供动力，它推动了工业革命的发展。由于尺寸很小，它可以安装在蒸汽拖拉机、蒸汽机车和蒸汽轮船上。

爆炸让速度更快

重型蒸汽机并不适合驱动汽车，为此，人类必须发明更小、更轻便的内燃机。当内燃机气缸中的气体或液体燃料和空气中的氧气混合在一起，它们会燃烧形成可控的爆炸力，让机器更快地运转。渐渐地，这种新型发动机开始取代蒸汽机，被安装在汽车、机车、轮船和飞机上。但当驱动大型涡轮发电机发电时，当时的人们还是会使用蒸汽机。

爆炸力推动汽车向前进，活塞的上下运动通过曲轴传到车轮上。

纽科门蒸汽机

托马斯·纽科门发明的蒸汽机是第一台实用的蒸汽机。它的工作原理如下：将木材或煤炭置于蒸汽锅炉下燃烧（**1**）；水在锅炉（**2**）中蒸发，水蒸气被导入气缸里（**3**）；在储存容器（**5**）中的冷水通过管道流到气缸里，水蒸气遇到冷水在气缸中凝结，产生低于常压的负压，较高的外部气压将活塞（**4**）向下推；压力通过平衡杆（**6**）传送到泵杆（**7**），气缸中凝结的水被排出，水蒸气再次被导入气缸中，活塞往上移动，泵杆往下移动。最初水阀和蒸汽阀是手动控制的，但不久就实现了自动控制。

你知道吗？

能量不会无缘无故地出现和消失，它总是以一种形式转变为另一种形式。蒸汽机以煤炭为燃料，在燃烧过程中将化学能转化为蒸汽的内能，再转化为机器的机械能。当从石油中提炼出的汽油在发动机中燃烧时，储存的能量慢慢转化为动能和热能。

电力——
闪电的力量

在雷暴天气，天空突然间电闪雷鸣，此时产生的电力异常强大。1752年，本杰明·富兰克林用风筝线吸引电流，证明了闪电就是电。在暴风云中，气流在雷雨中会因为水分子的摩擦和分解产生静电。自此，电力研究开始迅速发展。1800年，意大利物理学家亚历山德罗·伏特利用铜板和锌板做出世界上第一块电池，他用被盐水泡过的硬纸板将铜板和锌板分开放置，研制出了第一个真正被应用的直流电源——伏特电池。电压的单位伏特（V）就是以伏特的名字命名的，而电流的单位安培（A）是以法国物理学家安德烈·玛丽·安培的名字命名的。安培发现从电线中流过的电流可以让磁针转动，从而揭开了电现象和磁现象的内在

联系。德国物理学家乔治·西蒙·欧姆发现了电流大小与导体的电压和电阻有关，电阻的单位欧姆（Ω）就是用他的名字来命名的。这些发现使电动机的发明成为可能。

亚历山德罗·是世界上第一明直流电源在伏特电池同的金属板化钠溶液结，产生电流

我是
OLED！

OLED，未来的光源

在一个普通的小灯泡里，只有5%的电能变成了可见光，还有95%的电能转化为热能逐渐消散，真是太浪费了！在未来，人们可以使OLED（有机发光二极管）作为光源，它几乎能将所有能变成可见光。在OLED材料中，当电流通过非常薄有机材料涂层时，这些有机材料就可以发光。而且这有机材料还可以把光能转化为电能，可用于生产太阳电池。

1867年，德国发明家维尔纳·冯·西门子改进的发电机可以产生强大的电流。

专利——保护发明的方法

简单多功能的专利
1867 年，塞缪尔·贲伊在美国为回形针申请了专利，它看起来与今天的回形针外观不同（见右图），但功能还是一样的。

塞缪尔·贲伊的回形针最初用于将价格标签夹在衣服上。

如果发明者有一项新发明，他就可以申请发明专利来保护自己的成果。自 1877 年以来，德国专利商标局（DPMA）开始负责德国专利管理方面的相关工作。中国负责专利管理的机构被称为知识产权局，它负责审查各项专利申请，授予发明者不同的发明专利。专利是一种受保护的权利，发明者可以在规定时间内独享他的发明。如果其他人剽窃并非法售卖一项专利，专利的主人可以起诉这个"小偷"，并要求对方赔偿损失。

怎样才能申请专利呢？

申请专利必须满足以下三个条件：1. 新颖性，在申请专利之前没有将它公之于众，例如没有在报纸、文章或讲座中公开；2. 实用性，这个发明可以制造产品或者被广泛使用；3. 非显而易见性，并非每个人都能轻易看懂和做到。

一般来说，科学理论、数学方法或思考方法不可以申请专利。在申请专利时，发明者必须准确描述这个发明，并且明确他所申请的专利类型，他也可以画图纸，但不需要提供发明模型，最后把这些文件提交给专利商标局即可。这项专利被授权后，其他人就不可以再申请同样的专利了。专利审查员都是不同领域的专家，他们会研究几百万份国际专利文件、书籍和电子数据库，以此来确定这项发明是否符合获得专利的条件。专利注册不是免费的，专利申请成功后，专利权人每年要交专利年费，专利的保护期限长达 20 年。发明者也可以在其他国家为他的发明申请专利，比如可以在欧洲专利局申请欧洲国家专利。有了发明专利之后，发明者就可以放心地使用自己的发明或把专利卖给别人。

➤ 你知道吗？

第一项专利：第一项德国专利于 1877 年由德意志帝国专利局颁发，这项发明专利是一种可以生产群青颜料的化学工艺。它的发明者约翰内斯·策尔特纳在纽伦堡群青工厂工作，他只用三句话描述了他的发明。

1895 年，卡尔·冯·林德凭借空气液化装置获得了发明专利。

好冷啊！早在 1876 年，德国工程师卡尔·冯·林德就利用压缩氨的原理获得了氨气制冷机的专利。后来人们才在此基础上研制出冰箱，在此之前，人们只能用冰块来冷冻食物。

罐头

1810 年，英国人彼得·杜兰德发明了罐头，但直到 1855 年，罗伯特·耶茨才发明了第一个开罐器。在那之前，人们要费很大力气才能把罐头打开，他们试过用刀子、锤子、凿子，甚至是斧头。

不粘锅

这个不是精心研究的成果，而是 1938 年的意外发现。美国化学家罗伊·普伦基特想发明一种冰箱用的气体冷却剂，他在实验中没有发现有关的气体，但是他研制出一种白色粉末：聚四氟乙烯，这种材料耐高温，而且不会被化学品腐蚀。1945 年，这种物质被命名为"特氟龙"，之后它被涂在平底锅上，普通的平底锅就变成了不粘锅。

伟大的便利贴

1968 年，斯宾塞·西尔沃在他所在的 3M 公司发明了一种特殊的黏合剂，但这种所谓的超级黏合剂黏合度不够，只能黏住纸张，撕下来也非常容易，而且不留痕迹。1974 年，亚瑟·弗莱把这种胶涂在小纸片上，并用它来标记乐谱，世界闻名的便利贴便诞生了。

拉链

在日常生活中，人们离不开一些简便而实用的发明。1893 年，伦纳德·贾德森觉得绑鞋带很麻烦，所以给鞋子发明了一个"滑动氏没紧装置"。后来，他的女婿吉德昂·森德巴克改进了这个发明，把它变成了我们现在用的拉链。

生活中的专利

专利局会给很多新技术发明授予专利，但现在越来越多的植物、动物，甚至单一基因这种人体最小的组成部分也有了专利。1994 年，美国研制出转基因番茄，并让它们走向市场，科学家在番茄中导入新的基因，让它们烂得更慢一些。同时，科学家们还发明了遗传工程技术，在部分谷类种子中导入基因，让害虫对它们不再那么敏感，从而减少虫害。1988 年，美国人发明了一种易患癌症的"哈佛鼠"并获得专利，哈佛大学的研究人员在老鼠体内植入人类的癌症基因，并进行医学试验。后来还出现了很多与动物相关的专利，比如可以快速生长的涡轮鲑鱼和对压力反应迟钝的猪，这种猪在去屠宰场的路上不会感到害怕。很多人反对这种专利，因为他们认为生活是不能被改造和发明的。另外，由于植物研究专利的出现，未来很多农业公司可能会不断提高粮食产量。

1769 年，尼可拉斯·库纽的三轮蒸汽车其实应该被叫作拖拉机而不是汽车，这种笨重的汽车也会发生交通事故。

1886 年，从戈特利布·戴姆勒的四轮汽车中还可以看出它与马车之间的关系，与马车不同的是，它的动力是由内燃机提供，而不再是马匹。

行驶在公路上

圆形车轮的发明

圆盘车轮
这种木制的圆形车轮可以不断地滚动，但它又大又重。

辐条轮
辐条轮使用的材料更少，车轮变得更轻，但它却可以跑得更稳。

实心橡胶轮胎
橡胶可以使车子行驶起来更加安静，旅行也会变得更加舒适。

现代轮胎
轻便的轮辋、充气的轮胎以及轮胎表面的沟纹可以让车子跑得更快。

毫无疑问，车轮是最伟大的发明之一，但我们并不知道它的发明者是谁，车轮在欧洲和亚洲差不多是同一时间出现的。目前已知最古老的车轮已超过 5000 年，最初的车轮可能是用树木制成的，可以通过滚动帮助人们搬运重物。后来，它们变成了由木头制成的圆盘车轮，又进一步改进为更轻的辐条轮，这类圆形车轮的优势在于滚动时可以减少摩擦。为了能够使用安装车轮的运输工具，我们需要设计道路。

利用蒸汽动力

发明蒸汽机后，人们尝试用蒸汽机给马车提供动力。第一辆被叫作汽车的交通工具是法国官员尼可拉斯·库纽发明的三轮蒸汽车，这辆车慢得像走路，笨重得难以驾驶，在一次试车中由于撞到兵工厂的墙而被损坏。到 19 世纪初，有些地方开始使用蒸汽驱动邮递马车，驾驶这种车需要一名司机在前面控制方向，还需要一个伙夫看着锅炉。由于操作复杂，这种蒸汽马车并没有普及开来。

汽油和空气

比利时人艾蒂安·勒努瓦发明了第一台实用的内燃机，他点燃一个气缸内的空气混合物，点燃后引起的爆炸力可以让一辆汽车以步行速度前行。在这个内燃机的基础上，德国机械工

奥托四冲程发动机的四个冲程

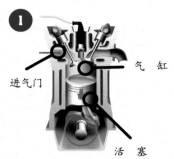

①

进气门　　气　缸

活　塞

进气行程
活塞向下运动,燃油和空气的混合物通过进气门进入气缸。

②

压缩行程
进气门与排气门均关闭,活塞向上运动,气缸内的混合气体被压缩。

③

火花塞

做功行程
火花塞产生的电火花点燃气缸内的混合气体,燃烧的气体迅速膨胀,推动活塞向下移动。

④

排气门

排气行程
燃烧后的废气从打开的排气门中排出气缸,然后第一个行程重新开始。

程师尼古拉斯·奥托在 1876 年发明了四冲程发动机,并于第二年获得专利。1884 年,奥托发明了电子点火装置,第二年他把这个装置安装到发动机中。1885 年,卡尔·本茨设计并制造出第一辆装有汽油发动机的汽车,这种汽油发动机利用化油器将汽油燃料与空气混合,形成强大的驱动力。卡尔·本茨制造的三轮汽车和戈特利布·戴姆勒制造的四轮汽车都使用橡胶实心轮胎。直到 1895 年,米其林兄弟发明了带减震器的充气轮胎,这种轮胎可以减小路面的颠簸。不过,充气轮胎的发明者是英国人斯科特·约翰·邓禄普,他在 1888 年获得了该项专利,他发明的充气轮胎可以使汽车的驾驶旅程更加舒适。1911 年,第一辆带有电动启动器的汽车问世,在此之前,发动机需要通过用手摇曲柄来启动。

电动机

汽车制造商很早就开始尝试使用电动机了。1899 年,汽车的驾驶速度第一次超过了 100 千米/小时,在这之前,没有人想过一辆汽车可以跑得这么快。电动汽车比内燃机汽车更安静,更干净,但它的电池消耗太快,因此并没有得到普及。现代内燃机的燃料主要是汽油、柴油和天然气等,这些汽车燃料都是从石油中提炼而成的,但石油并不是取之不尽的。此外,燃烧燃料还会产生很多有害气体,比如温室气体二氧化碳(CO_2)。因此,汽车开发商正在研发可替代内燃机的新型清洁发动机,电动机或许将被再次使用,但电池问题仍然没有解决,电动汽车的行程依然很短。值得庆幸的是,研究正在取得进展,目前的解决办法是使用混合动力车,即同时使用电动机和汽油发动机。

伯莎·本茨
1888 年初,伯莎·本茨驾驶丈夫卡尔·本茨发明的三轮汽车从曼海姆前往普福尔茨海姆,她想证明"无马车"在未来一定会得到普及。她 13 岁和 15 岁的儿子陪她完成了这段长达 106 千米的驾驶旅程,伯莎·本茨中途在一个药店加过油,因为只有那里有轻汽油。

数百万辆汽车。1913 年,美国人亨利·福特采用流水线装配法组装福特 T 型车,创立了大规模批量生产模式。从此,汽车越来越便宜,很多人都可以买得起汽车了。

在未来,小型自走式电动车可能穿越城市的各个角落,车上的传感器可自动检测障碍物,例如行人或墙壁。

疾驰在铁路上

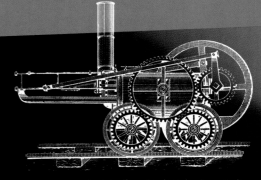

世界上第一辆蒸汽机车。理查德·特里维西克从1803年开始设计和研发。

与公路交通工具不同，蒸汽机是铁道机车有效的驱动系统。1804年，英国人理查德·特里维西克（1771—1833）发明了世界上第一台蒸汽机车，他在矿车上安装蒸汽机，并放到轨道上行驶。然而，由铸铁制成的铁轨很脆，经常被笨重的机车压破。第一辆试运行的机车重达8吨，车内还装载着10吨铁、5辆货车和70名男子，近16千米的路程花了四个多小时。1808年，特里维西克设计了一个火车头，并命名为"谁能抓住我"，这个火车头的最快行驶速度可达19千米/小时。

铁路的胜利

当乔治·斯蒂芬森的火车机车在新铺设的铁轨上试运行成功后，铁路开始正式成为一种重要的交通枢纽。斯蒂芬森有个大计划——将不同的城市连接在一起。1825年，由"动力1号"蒸汽机车牵引的列车在英国斯托克顿－达灵顿铁路上行驶了29千米。1835年12月7日，德国首趟载人列车从纽伦堡开往菲尔特，机车"阿德勒"号行驶速度超过24千米/小时。但并不是所有人都觉得铁路交通带来了便利，许多人认为铁路是恶魔，他们觉得高速行驶会让他们生病甚至发疯。还有人说，如果在铁路附近放牧，奶牛就挤不出那么多奶了。不过，最初的抗议活动很快就平息下来了。在欧洲、美洲和亚洲，越来越多桥梁和隧道被修建，越来越密集的铁路网连接着各大城市。铁路不仅运输货物，还运输动物和载人，机车也变得越来越强，越来越快。到了20世纪30年代，流线型火车问世，它仍然借助蒸汽动力，但速度已超过160千米/小时。蒸汽机车推动铁路快速发展，但新的铁路交通工具相继问世，内燃机车和电力机车逐渐取代了噪音大、烟雾多的蒸汽机车。在德国，蒸汽机车于1977年正式退役。从此，几乎所有的铁路上都行驶着电力机车，在不通电的线路上就使用内燃机车。

你知道吗？

铁路网不断扩大，有的甚至跨越国家连接不同的城市。为了让列车时间表精确到每一分钟，1884年，人们将世界分成不同的时区，以英国格林尼治的本初子午线（0°经线）为起始点。

1835年，德国第一条铁路连通纽伦堡和菲尔特，机车"阿德勒"号受到人们的热烈欢迎。

1879年，维尔纳·冯·西门子制造出世界上第一台电力机车。

20世纪30年代，流线型机车不断刷新最高速行驶纪录。

美好的愿望：特斯拉汽车公司的"胶囊超级高铁"还没有正式运营，研究人员希望它可以在真空管道内快速行驶。

气垫　　气流　　气压源

未来的速度

如今，现代高速列车已经代替汽车和飞机，成为许多旅客出行首选的交通工具。法国有高速列车TGV，英国有先进型电气化旅客特快列车APT，德国有城际特快列车ICE。在行驶过程中，而列车的行驶速度有时会超过300千米/小时，这些铁路线都已经连接到欧洲的快速公交网络，未来铁路运输可能会更快！铁路的未来可能要借助德国工程师赫尔曼·肯佩尔在1934年获得的专利——电磁悬浮原理，但一直到1971年，他的这一专利才被再次应用，人们据此研制出的首辆载人磁悬浮列车"TR02号"试验车在测试轨道上试行。磁悬浮列车并不是靠车轮滚动，而是让车体与轨道之间保持约一厘米的间隙。它的非接触式驱动器像一个个不旋转的电动机铺满轨道，通过电流对磁场的作用，推动列车像电动机的"转子"一样做直线运动。除了空气阻力，磁悬浮列车行驶时不会产生其他阻力，所以可以跑得很快。

法国高速列车TGV时速可达320千米，它向东行驶在欧洲大陆上，向西穿越英吉利海峡隧道开往英国。

→ 最长纪录
7353米

2001年6月21日，世界上最长的货运列车将铁矿石运往澳大利亚西部，它长达7353米，包含682节车厢，重达99732吨，由8辆机车驱动。

中国和德国合作设计和开发的磁悬浮列车专线，连通了中国上海的市区和机场。

遨游在水中

最早出现的船很可能是树干，把树干挖空制成一只独木舟，加上船舵和船桨，小船就可以迎风行驶了。一直到大约 6000 年前，阿拉伯人和波利尼西亚人才开始使用船帆，人类才真正懂得借助风力在水面行驶。船帆可以帮助人们抵抗大风，让船行驶得更远。帆船的出现让人们发现了更多地理奥秘，并开创了新的时代。帆船将各大洲连接在一起，它不仅可以运输大量货物，而且运输成本很低，大帆船运输就此拉开了全球贸易的序幕。为了抵抗海上的风暴，船上先后安装了蒸汽机、大型柴油发动机等动力机械，它们让螺旋桨快速旋转，给船只带来了巨大的推动力。现代大型船只已经不再是用木头制成的木船，更多是用钢铁制成的铁船，而航空母舰和破冰船等大型船舰甚至由核反应堆提供动力。

我在哪里？要到哪里去？

早期的海员们会沿着海岸线航行，如果在茫茫大海上，他们很容易迷失方向。后来，人们发明了各种海上导航仪，海员们就不会再迷失方向了。中国人发明的罗盘可

导航仪器

星盘
星盘是一种天文仪器，它是六分仪的前身。

航海精密计时器
精确定位船舶所在位置的经度。

六分仪
根据太阳的高度确定纬度。

英国"五月花"号帆船。1620 年 9 月，这艘三桅杆轮船搭载着朝圣的神父们从英国前往美国，开始新的生活。

以帮助海员确定方位，星盘和六分仪可以让海员通过观察太阳和星星的位置来确定纬度。但那时海员还很难确定船舶所在的经度和确切位置，直到英国人约翰·哈里森（1693—1776）发明了航海精密计时器，海员们才能精确定位船舶所在位置的经度。

这一发明给了航海探险家詹姆斯·库克（1728—1779）巨大的帮助，他可以借此绘制精确的地图，但需要对这些地图严格保密，因为这些地图决定了哪些国家拥有精确的海洋知识和先进的海洋技术，进而决定谁能成为海上霸主。导航仪和航海地图让航行变得更加安全，海员们可以绕过海上风暴，到达安全的避风港。现在，GPS 卫星和 GPS 接收机可以将船舶的位置精确到几米之内。

人类设计出这种凸出的船头，它可以让船更容易在水中滑行，也更省燃油。

在未来，这种无人集装箱船可以完全自主航行，跨越海洋。它高高的船舷可以起到船帆的作用。

承受深海的巨大压力，所以几乎所有的深海潜水艇都是由钢或钛制成的球体。

无人船

货运船是非常现代化的交通工具，只需少数几名船员来操作。在电脑的支持下，船长用操纵杆来控制船只。有的船只甚至可以自主航行，它们使用雷达、摄像机和其他传感器收集附近船只的信息，通过卫星将这些信息传送到陆上遥控室，遥控室内一位经验丰富的船长就可以同时控制几艘船，并在必要的时候进行远程干预。通常情况下，无人船可以自己计算路线，在无人驾驶的情况下可以自动避开障碍物。

创意帆船。这艘"天帆"号货轮除了用柴油发动机驱动外，还可用巨型高科技风筝驱动，每天可节省 2 吨燃油。

潜水艇

强大的海军需要一种可以"隐形"的船只，这种船潜入水中，紧盯对手的船只，趁机将它们击沉，但这些潜水船常常在巡逻队中自己先淹没了。随着第一艘实验潜艇研制成功，潜艇很快就发展为可怕的战斗武器。现代军用潜艇可承受海下 600 米的水压，有些甚至可以承受超过海下 1000 米的水压。下潜深度越深，对潜艇船壳的要求就越高。海洋的平均深度约为 4000 米，一些深海海沟甚至深达 11000 多米。在海洋世界的最深处——挑战者深渊，那里的水压是海平面压力的 1100 倍。为了探索深海，人类必须发明特殊的潜水艇，设计出抗高压的船壳，以保证潜艇里的研究人员完成深海研究。军用潜艇的长形耐压壳体会在深水区被压扁，但球形潜水艇却能够

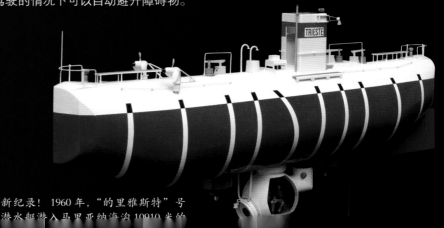

新纪录！1960 年，"的里雅斯特"号潜水艇潜入马里亚纳海沟 10910 米的

翱翔在空中

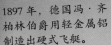

1897 年，德国冯·齐柏林伯爵用轻金属铝制造出硬式飞艇。

莱昂纳多·达·芬奇认为，小鸟能做到的人类也可以。在 1500 年左右，他就设计过一种飞行器。根据他的构想，人类可以借助这个飞行器飞离地面，凭借自身肌肉的力量在空中飞翔。他的另一个创意设计——旋翼飞机，比直升机的想法早了整整一个世纪。不过达·芬奇的发明并没有成功，飞行器不会那么轻易飞起来，人类肌肉的力量也不能支撑飞翔。

比空气更轻

1709 年，巴西人巴托洛梅奥·洛伦索·德·古斯芒用帆布制成一个小型热气球，向葡萄牙国王展示了一个以热气为动力的热气球升空表演。他的表演在国王的王宫里进行，热气球在下降时还不幸引燃了王宫的窗帘。这次表演证明，遵循"比空气更轻"的原则，飞行器是可以腾空而起的。1783 年，热气球升空飞行的实验在法国又取得了新进展。蒙哥尔费兄弟成功用一个直径 12 米的热气球将一只绵羊、一只鸭和一只公鸡送到空中。同年，他们的热气球又将两名勇士送上了天空。而在动力方面，人们还发明了其他类型的气球，先选用更轻、易燃的氢气作为动力，后又采用更为安全的氦气作为动力。后来，人们开始给气球装上控制装置、驱动电机和螺旋桨，这些装置可以帮助人类更好地控制热气球。斐迪南·冯·齐柏林伯爵用轻金属铝制成了硬式

飞艇，里面有好几个氢气室，船长、船员和乘客就坐在舱底的吊篮里。从 1928 年开始，这艘长 236 米的飞艇"LZ-127"横跨大西洋，飞越至世界各地。

莱昂纳多·达·芬奇

像小鸟一样飞行

莱昂纳多·达·芬奇（1452—1519）想用自己设计的翅膀模仿鸟的飞行器，但人类肌肉的力量显然无法支撑飞翔。

1783 年，蒙哥尔费兄弟在法国用麻布和纸制造出热气球。由于热空气比冷空气轻，所以气球会升起来。

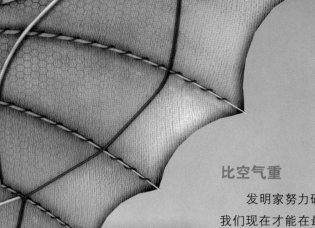

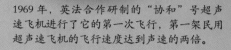

比空气重

　　发明家努力研制比空气重的飞机，所以我们现在才能在最短的时间内到达地球上的每一个角落。发明飞机的关键在于设计机翼，最初发明家认为飞机应该像小鸟一样上下摆动，但所有尝试都失败了，他们逐渐意识到应该设计一对硬式机翼。1891 年，德国人奥托·李林塔尔发明悬挂式滑翔机，证明了带有硬式机翼的装置也可以起飞。他在山丘上反复进行滑翔试验，只要达到一定速度，滑翔机在短时间内就能起飞，因为流向机翼的空气产生的升力可以抵消重力。从那时起，人们只需给飞机装上紧凑型发动机和螺旋桨，就可以提供持续上下摆动的动力了。1903 年，美国的莱特兄弟制造出世界上第一架飞机。

1891 年，德国航空先驱奥托·李林塔尔发明了世界上第一架悬挂式滑翔机，并多次在自己建造的人造山丘上进行滑翔试验。

1969 年，英法合作研制的"协和"号超声速飞机进行了它的第一次飞行，第一架民用超声速飞机的飞行速度达到声速的两倍。

空中客车 A380 的驾驶舱。飞行需要团队合作，机长、副机长和电脑共同协作完成驾驶。

超音速飞机

　　1938 年，英国人弗兰克·惠特尔发明了喷气发动机，但世界上第一架成功试飞的喷气式飞机"Me262"是德国人在 1942 年研制的。在此基础上，人们不断改进新的驱动器，建造出了飞行速度比声速更快的超声速飞机。

1903 年 12 月 17 日，"飞行者一号"第一次试飞由奥维尔·莱特驾驶，飞行距离超过 36 米，飞行高度为 3 米，飞行时间为 12 秒。

垂直飞行

　　带有硬式机翼的飞机必须保持快速飞行，而且还需要一条起飞跑道，才能一直升到空中。而直升机只需要转动旋翼就能起飞，因此，它可以在很小的空间内垂直降落。直升机是一种多功能飞机，它可以悬浮在空中，也可以侧身向后飞行，但控制飞行方向需要借助倾斜盘，倾斜盘可以根据飞行方向改变旋翼旋转叶片的位置，从而改变升力和飞行方向。

飞向宇宙

飞机发动机、直升机旋翼和热气球都需要借助空气才能飞起来。为了能够穿越大气层进入太空，人类必须发明另一种推进器——火箭动力装置。这种装置主要利用反冲原理：在火箭发动机的燃烧室中，燃料燃烧产生热气体，这些气体在高温下膨胀，快速地从喷嘴中喷出，形成一股巨大的反作用力，推动火箭向太空飞升。一旦进入太空轨道，火箭发动机就不再需要空气和地面推力的驱动，它可以在真空环境中自主工作。早在 800 多年前，中国人就明白了这个原理，他们发明"火焰箭"攻击敌军，在"火焰箭"里装满黑色的可燃烧粉末，点燃粉末就能发射"火焰箭"。

克服重力

俄罗斯人康斯坦丁·齐奥尔科夫斯基（1857—1935）和德国人赫尔曼·奥伯特（1894—1989）共同推动火箭升空，开启了太空旅行。齐奥尔科夫斯基曾设计出由液体燃料推动的多级火箭，他还于 1895 年提出了"太空电梯"的设想。不过齐奥尔科夫斯基的想法太超前了，当时并没有引起人们的重视。过了一个世纪，他的想法才再次引起人们的关注。1923 年，赫尔曼·奥伯特在他的著作《飞往星际空间的火箭》中描述了如何通过多级火箭和液体燃料，克服地心引力进入太空。

火箭发射升空

美国人罗伯特·戈达德也曾研制出液体推进剂火箭，它的工作原理很简单：将液体燃料（如汽油）和液态氧通过两个管道注入燃烧室，然后将它们混合在一起燃烧。1926年 3 月 16 日，戈达德测试了他设计的火箭，虽然只飞了不到 14 米，在空中只停留了两秒半，但它仍然是成功的！后来他继续改进火箭设备，最终发明了可以将卫星和人类带到太空的大型多级运载火箭。

这是火箭吗？

1926 年，美国火箭先驱罗伯特·戈达德制造出世界上第一个液体燃料火箭，它看起来并不像火箭。戈达德坚信，火箭可以带人类奔向月球，当时很多人都觉得他的这个想法很愚蠢，但他并没有放弃。

哔！哔！哔！

1957 年 10 月 4 日，苏联向太空发射了"卫星一号"。这是第一颗绕地球运行的人造卫星，它可以发出无线电信号。

太空第一人

1961 年 4 月 12 日，在美国和苏联的太空争霸赛中，苏联又率先赢得一分。宇航员尤里·加加林乘坐"东方 1 号"宇宙飞船进入太空，成为太空第一人。

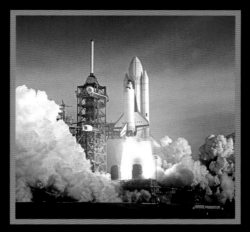

飞入太空

1981 年，美国研制出的航天飞机进入太空。美国共研制出五架可以重复使用的航天飞机，其中一架在飞离地面时发生爆炸，还有一架在重返地球时坠毁。现在人们已经不再使用航天飞机了。

突破：飞往月球

1969 年 7 月 16 日，111 米高、3000 吨重的土星 5 号运载火箭携带三名美国宇航员飞往月球，其中尼尔·阿姆斯特朗和巴兹·奥尔德林在 7 月 21 日首次登上月球。戈达德的梦想终于成真。

欧洲强劲的火箭

欧洲航天局研制的"阿丽亚娜 5 型"火箭从法属圭亚那太空中心库鲁起飞，主引擎两侧有两个固体助推火箭，在航行 2 分 22 秒后自动脱落。

➡ 你知道吗？

关于太空与地球的界线众说纷纭，随着高度上升，大气的密度逐渐下降，大多数人认为升至 10 万米以上就算进入太空了。

无须火箭就可以在太空和地球穿行

太空电梯是人类构想的一种通往太空的设备，它从地球赤道上的基座垂直向上延伸，长约 36000 千米，另一端与空间站相连。空间站是一个大型的航天器，它位于与地球相对静止的轨道上，也就是说它始终和地球保持同样的距离。未来电梯舱可以将物资和宇航员带到遥远的星球，比如火星。

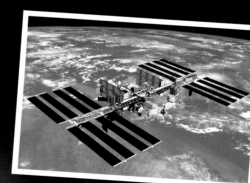

太空前线

国际空间站 ISS 每隔 1.5 小时绕地球一圈，它长约 109 米，宽约 73 米，是目前世界上最大的空间站，它已经带人类探索了太空的无数奥秘。

头发上的虱子。扫描电子显微镜用电子束来扫描物体，进而放大扫描的图像。

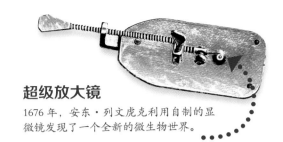

超级放大镜

1676 年，安东·列文虎克利用自制的显微镜发现了一个全新的微生物世界。

显微镜:
迷你世界

原始显微镜

罗伯特·胡克研制的光学显微镜由两个镜头组成：一个物镜和一个目镜。它和现代光学显微镜很像，将光线聚焦在被观察的事物上。

从 13 世纪开始，人们就可以通过磨光的玻璃镜片看到微小的物体。17 世纪后期，荷兰人安东·列文虎克（1632—1723）磨制出非常精细的显微镜，巧妙的弯曲弧度、只有几毫米的测量镜头让它的放大率高达 270 倍。列文虎克用它来观察自己的牙垢，发现牙垢中的微小生物——细菌，他在水池和水坑里也发现了类似的微小生物。由于列文虎克的显微镜只有一个镜头，它实质上就是一个放大镜。而罗伯特·胡克（1635—1703）设计出由物镜和目镜组成的复合式显微镜，目镜可以再次放大物镜上的小图像。胡克用他的复合式显微镜发现软木薄片的结构就像一间间长方形的小房间，于是"细胞"这个词就产生了（cell 既可以表示细胞，也可以表示小房间）。

更细更小

尽管光学显微镜的物镜和目镜不断被改善，但光波限制了放大率，光学显微镜的放大率不能超过 1500 倍。相比之下，电子显微镜可以通过短波长的电子束将物体放大到数千至数百万倍。电子显微镜穿透物体，原理和光学显微镜一样。通过它们，我们可以看到病毒的结构。而扫描电子显微镜用电子束扫描物体，呈现三维立体图像。扫描隧道显微镜和原子力显微镜用针尖扫描物体表面，可以看到微小的分子甚至原子。

胡克观察软木薄片时发现很多细小的孔，他把它们叫作细胞。他还在木材和其他植物中发现了类似的细胞。

这种显微镜的探针扫描物体表面，探针的针尖只有一个原子般大小，可以细致地扫描出原子的轮廓。

望远镜：
广阔世界

伽利略带我们认识了一个全新的世界，望远镜功不可没。

望远镜帮助我们观测宇宙，把遥远的星空展现在我们面前：行星、彗星、小行星、恒星、气体星云和星系。有了现代化的大型望远镜，我们就可以看到 130 亿光年外的星系。

由远变近

1608 年，荷兰眼镜制造商汉斯·李普希将两个打磨过的镜片连到管子的两端，发明出最早的望远镜，人类可以用它去探索宏观世界。在帆船时代，这项发明可以帮助人们更快地发现敌方船只。第二年，意大利自然学家伽利略（1564—1642）发明了世界上第一台天文望远镜，并首次用它来观察天体。他发现了木星最大的四颗卫星和太阳黑子，并证实了银河系的乳白色亮带是由无数颗恒星组成的。镜片望远镜越做越大，可以收集更多光线，即使是光线微弱的天体也能被观察到。但这种镜片望远镜也是不足之处，直径超过一米的物镜很笨重，而且物镜的质量也无法保证。

更大更强

现代大型光学望远镜大多是镜面望远镜，它们用反射镜代替物镜，反射镜是一个涂有金属材料的空心玻璃体。另外，天文学家不仅用望远镜观测可见光，还会用一些专业的望远镜

透过镜头观察

1609 年，为了方便航海，荷兰眼镜制造商发明了镜片望远镜。意大利的伽利略改进望远镜，首次使用它观测太阳或木星等天体，并因此建立了实验天文学。

转向镜面

1668 年，英国物理学家艾萨克·牛顿用一块凹球面镜捕捉到来自天体的平行光束。现代大型望远镜的原理仍然和镜面望远镜一样。

观测伽马射线、X 射线、紫外线、红外线和无线电波。没有地球大气的干扰，太空望远镜还可以收集无法从地球上获得的数据和图像。它们发现了好几百个围绕太阳运行的小行星，帮助我们更好地探索宇宙的起源和未来。

詹姆斯·韦伯发明的太空望远镜还是像以前的望远镜一样对太空进行观测，但有了遮光板，太空望远镜就不会被太阳光所影响了。

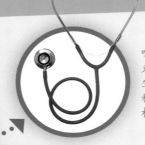

听诊器源于勒内·雷奈克的卷管。有了它，医生可以听到人体内心脏和肺部的声音，并进行相关的检查。

威廉·伦琴用X射线进行实验，将骨骼的图像显示在荧光屏上。

从听诊器到手术机器人

发明也可以治病救人。医生在治病之前，他要先诊断出病人究竟患有什么疾病。长期以来，医生的诊断能力一直十分有限，因为他们看不到病人身体内部的变化。

听听我们的心跳

1816年，法国医生勒内·雷奈克（1781—1826）想听病人的心跳，但他不方便将自己的耳朵贴在病人胸前。于是，他将一叠纸卷成管状，再将纸管一端放到病人的胸前。通过这根纸管，雷奈克可以清楚地听到病人的心跳声。第二年，他发明了听诊器——一个空心的木管。1870年，木管听诊器被改进为软管听诊器。现在，这种听诊器已成为医生的"得力助手"。

看穿人体的X射线

1895年，威廉·伦琴发现了X射线，他给妻子的手拍摄了第一张X光照片。相比于骨骼，X射线更容易穿透脂肪和肌肉等软组织，因此，隐藏在内部的骨骼就能清晰可见。X射线让

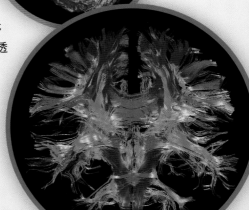

人的心脏。通过计算机断层扫描，人们可以识别最细小的静脉，并观察心脏跳动。

脑部。这张人脑的图片是用磁共振层析成像仪拍摄的。

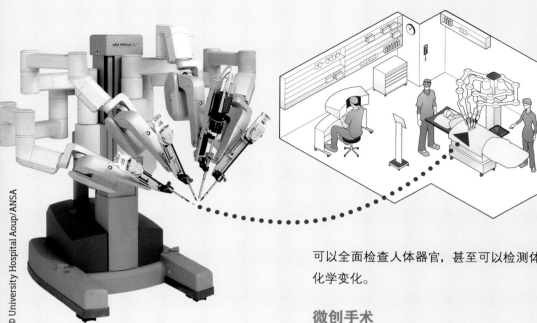

机器人同事

我们在一些手术室会看到四臂手术机器人，它们拿着解剖刀、激光和其他手术器械。外科医生提前设定手术步骤，机器人会精确地执行医生的指示。

人类对自己的身体构造有了新的了解，X光机开启了医学新时代。随后，科学家又发明了计算机断层扫描（CT）。有了计算机和专用软件的帮助，通过从不同视角拍摄几张X光片，我们就可以计算出一个三维的X射线图像。早在1917年，奥地利数学家约翰·拉东就提出了重建三维图像的数学计算方法，不过当时并没有得到推广和应用。1972年，第一台CT设备投入使用。戈弗雷·亨斯菲尔德和阿兰·科马克凭借X射线在医学上的贡献获得了1979年诺贝尔医学奖。

减少辐射

为了减少X射线辐射对人体造成的伤害，人们发明了磁共振成像（MRI），它又被称为自旋成像。磁共振成像用没有电离辐射的电磁波从人体中获取电磁信号，解析人体信息。在做磁共振检查时，强磁场会激发人体内的氢原子核吸收和释放能量，发出射电信号，磁共振成像设备采集这些信号，用数字重建技术将其转化成三维图像。这种技术可以全面检查人体器官，甚至可以检测体内的化学变化。

微创手术

过去，外科医生做手术时要用手术刀在病人身体上切开一个大口子，才能看到内部要进行手术的器官。1910年，内窥镜作为一项新的医学技术，首次被运用到人体手术中。通过一个锁孔大小的切口，内窥镜就可以进入人体内，反馈身体的内部信息，医生再据此进行手术。要想到达手术部位，还要疏通人体自身的各个通道，比如血管。微型摄像机将手术部位的图像传输到显示器，手术钳和激光手术刀可以进行精准切割。有时候，外科医生需要机器人的辅助，因为机器人可以解决人手颤抖的问题。

体内潜艇

这款微型摄像机厚11毫米，长26毫米。它被直接吞入人体内后，会将图像从小肠传给粘在胃中的天线，每两秒钟就会将图像传输到便携式数据记录器上。

打印人体器官

3D打印机由计算机控制，它运用塑料、金属或陶瓷等可黏合材料，通过打印一层层黏合材料来制造三维物体模型。在不久的将来，我们或许可以打印定制的心脏瓣膜等人体模型，甚至整个人体器官，而打印计划可能源于计算机断层扫描。

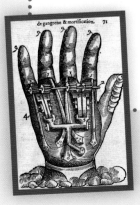

人造手。16世纪，人类制造出这个可运动的指骨假体。

疯狂而奇怪 的发明

不可能的发明

永动机是一种不需外界输入能源就能独立动的机器，它可以无休止地做功，但是它背了能量守恒定律，所以专利局不受这项专利申请。

从未停止！

1885 年，一位美国发明家设计出这种带有水平和垂直螺旋桨的"飞行自行车"，它一部分由压缩空气驱动，一部分由脚踏板驱动，飞行员还可以用拉索进行垂直或水平移动。但这个飞行器只是一个设想，目前还没有成为现实。

有些发明简单巧妙，有些却非常复杂，这些伟大的发明常常让我们惊叹。大多数发明非常实用，它们可以让我们的工作更轻松，或者让我们的身心更愉悦。但有些发明却非常奇怪、疯狂而尴尬，比如有人想发明飞行自行车，希望通过脚踏板让自行车上下摆动，但自行车或许并不想飞起来。

发明能否成功不仅仅依靠发明者的知识储备和专业技能，有时还取决于他们的运气和机会。奥托·李林塔尔的悬挂式滑翔机经历了一次次的试飞失败，他自己也在试飞过程中英勇牺牲，成了飞行领域的先驱。从 19 世纪到 20 世纪初，发明家的创意不断增多，技术进步也不断加快。在通讯、医药、娱乐和交通等领域，出现了许多非常实用的发明，但也出现了很多稀奇古怪的发明。那些让日常生活更便捷的小发明，或许会一直流传并不断被改进，比如开罐器。而有些发明，比如香蕉切片机或自动打招呼的帽子，也许就没那么吸引人了，它们或许会慢慢地被遗忘。还有一些奇怪而尴尬的发明，或许在未来就会被我们的后代嘲笑。

Sci.Am.N.Y.

后背镜

把镜子安装在刷柄上，你就可以在洗澡时看到你的后背了。

英国画家威廉·希思·罗宾逊发明了许多奇怪的机器。

滴答，滴答，嘣！

鲁布·戈德堡机器是一个毫不实用的机器，它将一个简单的任务分成许多不必要的步骤。这个机器不实用，也没有什么存在价值，但看着别人使用这个机器会非常有趣。这一发明的灵感来源于美国漫画家鲁布·戈德堡。

狡猾的巫师

来自美国沃基肖的罗素·奥克斯发明了很多东西，但他很古怪，满脑子想的都是黄油布。他发明的黄油布可以防止衬衫的袖子因不小心碰到黄油而变脏，他发明的小号喇叭可以听到别人在背后说的话。但奥克斯不能为这些奇怪的发明申请专利，也没有人想要使用这样的发明。即使这样，他还是可以用它们来谋生：他会带着他的奇怪小发明出现在各种展会和节日活动上，把自己的发明变成"稀奇古怪的展览品"，人们都称他为"狡猾的巫师"。

日本人的奇怪发明

日本人经常发明很多让人窘迫不堪的稀奇工具，这些尴尬的发明被统称为"珍道具"。很多"珍道具"并不是我们真正需要的发明，比如宠物鞋，有了它，宠物可以帮忙打扫卫生；还有黄油笔，它像糨糊膏一样，可以抹在吐司上。发明家川上贤司在日本成立了一个"珍道具学会"，设置了成为珍道具的十项条件，这些"珍道具"都不能申请发明专利。

这个设备是用来帮助人们擤鼻涕的，它是不是看起来很傻，它被称为"珍道具"。

古怪的罗素·奥克斯发明了许多"奇怪的器具"，比如这个意大利面卷面机。

在水上行走

1858 年，美国人亨利·罗兰为他的新发明"海腿"申请专利，"海腿"实质上就是把船穿在脚上。

在黏土上写字

5000 多年前，苏美尔人使用楔形文字记账，他们用写字棒将文字刻写在软泥板上，然后用火进行烧制。

象形文字

古埃及象形文字比较复杂，它的笔画只能靠死记硬背，而且只有专门从事文秘工作的书吏才会书写这些文字。

书写、排版、印刷

16 世纪的印刷厂。在印刷机两旁的是印刷工，在排版机旁的是排版工。

排版工将镜像字母排列成行，整合成一页页的文字。

在古代，有没有文字并不会影响人们的日常生活，就算有了文字，能够读书和写字的人也很少。但 1450 年以后，这种情况逐渐发生改变。随着约翰·古腾堡发明了西方活字印刷术，人类从此进入印刷时代。

从楔形文字到字母表

一切始于文字。最初，在美索不达米亚地区，人们用尖尖的木棒在软泥板上雕刻图画，但相比之下，压印三角形和笔直的楔形线条更为快捷。在 5000 多年前，美索不达米亚地区的苏美尔人将图画符号慢慢演变为楔形文字。在大约公元前 900 年，希腊人对欧洲文字的发展作出了巨大贡献，他们创造了著名的字母文字——希腊字母。有了希腊字母表，人们就不需要发明新符号，用这 20 多个字母可以书写各种文字，甚至可以创造新单词。

从莎草纸到造纸术

公元前 3200 年左右，古埃及人发明了象形文字，以及文字书写材料——莎草纸。他们先削去莎草的绿色硬皮，将雪白的内茎放置在水中浸泡，然后用木槌捶打，再用重物挤压，晾干后再用浮石磨光，莎草纸便制作完成了。之后，人们便可以使用黑烟煤或者黄色和红色的土质涂料做成的墨水在莎草纸上书写。后来，用动物皮制成的羊皮纸逐渐出现，它比莎草纸更耐用。到了公元前 2 世纪左右，中国人发明了沿用至今的造纸术，但直到几百年后，它才被传入欧洲。

巧妙的手工

在印刷机出现之前，人们必须把书本内容逐字逐句地抄下来。这些工作主要由僧侣来做，因为他们有充足的时间，而且他们是为数不多的会读书写字的人。后来人们把一整页的内容刻在木板上，涂上油墨，再把它压印到纸上。但是做这些之前，要把文字以镜像倒置的方式刻在木板上，这样既费时又费力。

一、二、三，印刷

约翰·古腾堡是一名金匠，他为每一个字母制作了一个模具，模具由液态铅浇铸而成。古腾堡制作出大量的铅制字母，按照需要将它们放在一起，然后按顺序完成每一页的印刷。印刷完成后，这些字母模具可以再次分离并重新组合，用来印刷新的内容。早在 400 年前，中国人毕昇就发明了活字印刷术，但他的发明并没有得到人们的重视，因此没有普及开来。而德国人古腾堡发明了铅活字印刷机，让印刷变得更快，更便捷，更便宜。耗费了将近 20 年的时间，图书印刷终于在欧洲开始普及。随后，知识以书籍和小册子等形式被快速复制、存储、运输和传递。

书中经典

发明活字印刷术后，人们可以根据个人喜好快速地印制各种书籍。1455 年，著名的《古腾堡圣经》印刷完成，全书共 1282 页。

1884 年，人们发明了利用键盘控制的机械排版工艺。

19 世纪中叶，第一台蒸汽驱动的旋转式印刷机出现了。

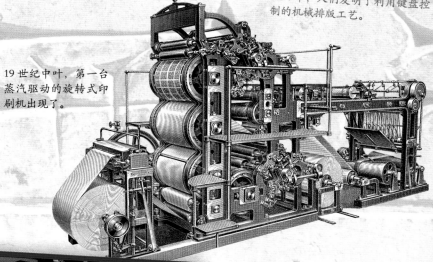

现在，报纸每天被大量印刷，印刷速度十分惊人。

1913年，德国人申请了聚氯乙烯发明专利。这种材料可用于制作喇叭、胶片、人造纤维和油漆，黑胶唱片也因此问世。

→ **你知道吗?**

虫胶是紫胶虫吸取树液后分泌出的一种紫色天然树脂，大约300000只紫胶虫才能分泌出一千克虫胶。

1877

托马斯·阿尔瓦·爱迪生获得了留声机的发明专利。

记录美妙的声音

各种声音以声波的形式通过空气传到我们的耳朵里，但声音稍纵即逝，人们为了留住声音，发明了各种记录声音的方法和设备，方便声音被存储，并且可以随时被播放。

记录和再现声音

记录和再现声音与用印刷机复制文字具有相同的意义。1877年，托马斯·阿尔瓦·爱迪生发明了用来记录声音的留声机，它的核心部件是一片薄膜，它可以将空气中振动的声波传递到唱针上，唱针随之振动，并在旋转的软锡箔或蜡层上刻出槽纹。如果想再次听到这些声音，就让唱针再次触碰槽纹，声音会通过薄膜传送到空气中，储存的声音就可以被再次播放了，不过每个回旋装置只能使用一次。

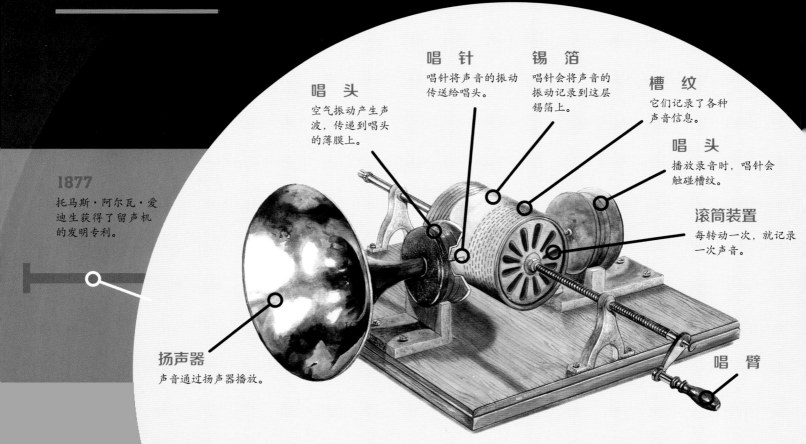

唱针
唱针将声音的振动传送给唱头。

锡箔
唱针会将声音的振动记录到这层锡箔上。

唱头
空气振动产生声波，传递到唱头的薄膜上。

槽纹
它们记录了各种声音信息。

唱头
播放录音时，唱针会触碰槽纹。

滚筒装置
每转动一次，就记录一次声音。

扬声器
声音通过扬声器播放。

唱臂

音乐飘荡在空中

1895 年,意大利发明家古列尔莫·马可尼开创了无线电报通信,主要利用电磁波传送无线电信号。电磁波最早被用于传输莫尔斯电码,无线电报通信试验成功之后,无线电接收机——收音机问世。在 20 世纪 20 年代,数百个无线电台开始播放新闻、广播剧和音乐,听众们戴上耳机就可以聆听它们了。

从滚筒装置到唱片

1887 年,德裔美国人埃米尔·贝林纳改进留声机,发明了唱盘留声机,并用唱盘留声机首次播放了圆盘形硬胶唱片。1896 年,唱盘留声机开始播放虫胶唱片。虫胶最初被用作电绝缘体,后来人们发现它是制作耐用唱片的理想材料。这些唱片可以通过压制被快速复制,储存声音信息的槽纹被刻录到高温而柔软的材料中,但它的缺点是脆薄、易碎。从 1944 年起,人们开始使用不易破裂的 PVC(聚氯乙烯)材料生产更耐用的唱片。唱盘留声机的弹簧驱动仍然需要人手工操作,但唱片机可以利用电动机自动旋转。与此同时,人们还发现声音可以记录在磁带上。而早在 1899 年,声音就能以磁信号的形式储存在铁丝上了。到了 20 世纪 30 年代中期,第一批塑料磁带出现,它们的表面涂了一层薄薄的氧化铁。麦克风把声波转换成电信号,并通过磁体记录到磁带上。如果将磁带放到电线圈中,里面的磁信息就可以转换成电信号,通过扬声器播放出来。

什么是模拟信号?什么是数字信号?

唱片将声音信息机械地记录在槽纹中,录音机将声音信号记录在磁带上,它们都属于模拟声音信号。在数字电路中,振动的声音信号被转换为由 0 和 1 两个数字组成的序列,音高、音长和音强被加密,这些信息被转化为数字信号,存储在 CD、硬盘或 SD 卡等介质中。播放时 0 和 1 将被解密,转换成电信号,声音就会通过放大器和扬声器播放。

1887
留声机。埃米尔·贝林纳用圆盘代替了滚筒装置。

1920
唱针接触槽纹,将槽纹记录的声音信号转换成电信号。

1982
在 CD 播放器中,声音信号被转换为由 0 和 1 两个数字组成的序列。

1905
扬声器锥体在木质基座的后面。

1979
便携式磁带十分小巧,有了它,人们就可以随时随地听音乐了。

1997
首批以硬盘作为存储设备的数字音频播放器(MP3 播放器)上市。

拍摄清晰的 图片

早在 2500 年前，中国人和希腊人就已经发现了照相机的暗箱原理：当光线穿过暗室墙壁上的一个小孔时，对面的墙上会形成一个倒立的影像。17 世纪，画家和绘图师利用便携式暗箱作为绘画的辅助工具，绘制逼真的图画，但这种绘制方法很费时间。

永久性照片

1826 年，法国人尼埃普斯根据暗箱原理将图像保存在涂有感光材料的金属板上。但最初的感光材料不太灵敏，尼埃普斯将金属板曝光了八个小时才获得世界上第一张永久保存的照片。后来，他的合伙人路易斯·达盖尔改进了感光材料，将曝光时间缩短到几分钟。1839 年，达盖尔向公众公开了他的银版照相法。他设计了一个大型的木箱照相机，里面装了一个镜片，光线通过这个镜片将图像映射到照片上。因为当时还没有影印技术，所以用这种方法每次只能得到一张照片。1839 年，英国人威廉·塔尔博特发明了卡罗式摄影法，并于 1841 年获得了发明专利。塔尔博特不断改进原有摄影法，使用碘化银和显影液，照片曝光时间不断缩短，影像也更为清晰。

➡ 你知道吗？

爆炸材料：美国人约翰·韦斯利·海亚特为了降低台球的生产成本，不断寻找和研发替代象牙的材料。他尝试用硝化棉和樟脑等原料研制出赛璐珞（假象牙），制成了赛璐珞球，可惜赛璐珞球在碰撞中爆炸了。后来，人们发现这种新材料更适合制造相机和电影所使用的胶片。

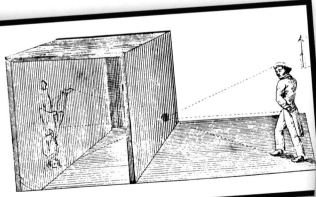

暗箱：光线穿过一个小孔将物体的图像映射在暗箱内壁，但还需要画手来绘制图片。

1895 年，路易斯和奥古斯特·卢米埃尔用活动电影机播放电影；相机被用作投影仪。

木 板

木制相机。玻璃镜片环绕感光摄影板，设计简单的封盖以便直接用手取下来。

胶 片

1914 年，奥斯卡·巴纳克发明了世界上第一台小型照相机——徕卡相机，这台相机是瞬间抓拍的理想选择。

传感器

数码相机不再需要胶片，取而代之的是拥有数百万像素的光传感器。

数 码

快门速度、光圈和保存方式由相机按一定程序设定。

光 圈

镜 头

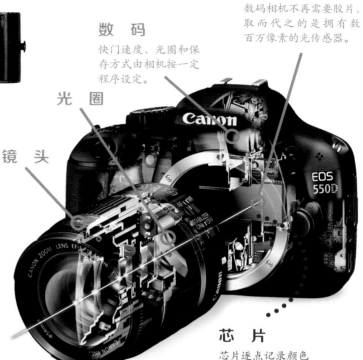

芯 片

芯片逐点记录颜色和强度。

胶卷变照片

1888 年以前，相机的光敏层都附着在金属板或玻璃板上，后来出现了胶片卷和赛璐珞（一种柔性塑料）。有了小型胶片卷，照相机就可以变得更小更轻便。每拍一张照片，胶片卷就会自动旋转一格，这样人们就可以连续快速拍照了。最初的照片都是黑白的，有一部分照片是手工着色。1861 年，苏格兰物理学家詹姆斯·克拉克·麦克斯韦展示了第一张彩色照片。直到 1936 年彩色胶片上市，彩色照片才真正开始流行。

镜头的窍门

针孔照相机利用暗箱原理，通过小孔形成清晰的图像。由于只有少量光线可以进入相机，所以要得到清晰的图像就必须长时间曝光。虽然较大的孔可以收集到更多光线，但图像也会因此变得模糊不清，所以要使用可以将图像聚焦在感光底片上的镜头，才能形成清晰的图像。随着技术提升，简单镜头慢慢改进为由多个镜头组成的高质量镜头。现代相机既不用成像板也不用胶片，而是使用由数百万个光敏元件组成的成像芯片。拍摄的照片都被存储在内置存储器芯片或存储卡上。

图片变动画

如果我们连续快速地看单张图片，就会感觉图片在运动。随着胶片质量越来越好，对光线越来越敏感，人们可以快速拍摄和播放单张照片。法国发明家卢米埃尔兄弟发明了活动电影机，让图片变动画的设想变成现实。1895 年，他们播放了第一部短片作品。在这 50 秒的短片中，人们看到了一列正在行进的火车，据说当时的观众都以为那是真的火车，看到火车驶来不自觉地往旁边躲开。

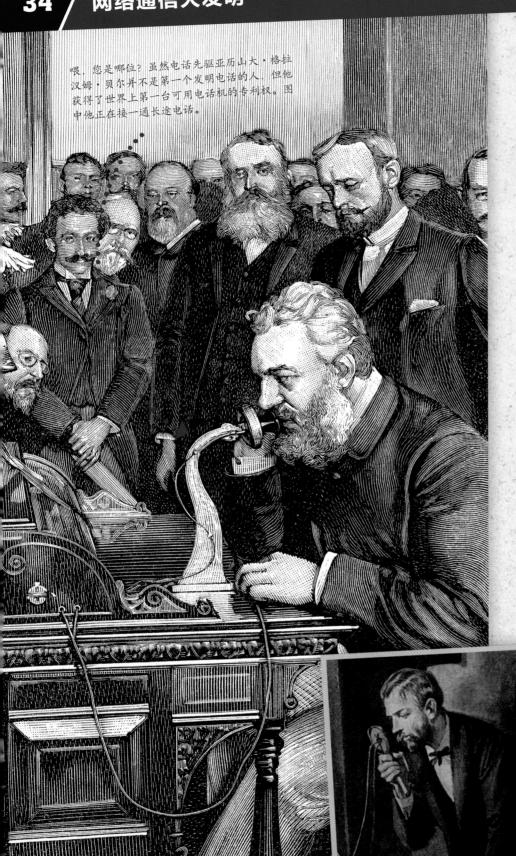

喂，您是哪位？虽然电话先驱亚历山大·格拉汉姆·贝尔并不是第一个发明电话的人，但他获得了世界上第一台可用电话机的专利权。图中他正在接一通长途电话。

电 话

以前，信息传递主要依靠骑马的信使、鸽子或者邮政马车，通常至少需要几天，甚至几周才能完成信息传送，快速信息传递则依靠烟信号、光信号或旗帜信号。

电的"把戏"

随着电报的出现，慢速信息传递的情况逐渐改变。电报通过电线发送信息，信息在发送之前，需要对文本进行编码，用得最多的是美国发明家塞缪尔·莫尔斯的莫尔斯电码。每个字母和字符由不同的点线组合，电报员的工作就是将信息转换成不同的莫尔斯电码，并将它们手动输入到电报中。著名的求救信号 SOS 的莫尔斯电码是三短、三长、三短。1844 年 5 月 24 日，莫尔斯将世界上第一封电报从华盛顿发送到 60 千米外的巴尔的摩，这封电报的内容是《圣经》中的诗句："上帝行了何等大事？"

打电话

不少人都想过将声音信号转换成电信号，通过电线将它们发送到接收器上，再将这些电信号转换成可听的声音信号。我们目前还无法确定谁才是电话真正的发明者，不过有一点可

1861 年 10 月 26 日，在贝尔申请专利之前，物理学家约翰·菲利普雷斯就向公众介绍了他发明的"电话"。

在大约1900年，打电话需要双手操作。早期的电话长得像烛台，话筒和听筒是彼此分开的。

交换站。接线员接通电话并插上了连接线。

求救信号SOS。有了由点和线组成的莫尔斯电码，信息就可以通过电线和无线电波快速传输。

与时俱进。1919年，第一台拨盘电话问世，到20世纪60年代，拨号电话开始出现。

以肯定：亚历山大·格拉汉姆·贝尔并不是第一个发明电话的人。1871年，移居美国的意大利人安东尼奥·梅乌奇申请了电话的发明专利，但是由于他无法支付申请专利的费用，所以这项专利在1873年被取消了。1876年，贝尔获得了电话的发明专利。但早在1861年，德国人约翰·菲利普·雷斯就曾向人们介绍了他发明的电话，并用电话说出了这样一句话："马不吃黄瓜沙拉。"贝尔不断改进电话，把最初的电话改良成现代电话。在电话的一端，说话者发出的声音信号通过一个薄膜被转换成电信号，到了电话的另一端，再通过膜片把电信号转换成声音信号。

随时随地保持联系

最初，打电话需要双手操作，随着电话沟通日益频繁，拨号盘和拨号按钮开始出现。早期的电话要通过电线才能连接到电话网络上，如果你在路上想打电话，必须走到邮局或电话亭。现在，我们几乎可以在世界上的任何地方拨打电话，而且传输路径也更丰富多样：普通电线、光纤电缆或者无线电波，大多数跨洋电话和网络连接则通过海底电缆进行传输。虽然移动网络看不见摸不着，但它可以让我们随时随地与朋友保持联系。移动网络分为不同的区域，每个区域中间都有一个收发器，它与移动电话连接，通过无线电波将信息从一个区域传送到另一个区域。

袖珍电脑

现代电话网络不仅实现了电话通信，还联通了整个互联网的数据传输。因为现代智能手机不仅仅是一台电话，它还是功能强大的袖珍电脑、相机、摄影机、便携式影院、数据库，等等。

未来的智能手机，它的屏幕灵活不易碎。

移动网络。我们通过收发天线和卫星不断接收和传送信息。

算盘
算盘已有三千多年历史，人们用它来完成算术运算。

从算盘到
超级计算机

电脑雏形

这台计算机是由查尔斯·巴贝奇在1850年设计的。虽然它没有成功运行，但是它已经包含了现代计算机的所有特征，巴贝奇也因此被人们称为"通用计算机之父"。

数字和计算是非常伟大的发明，十个数字从0、1一直到9，十进制计数法用超强的实用性渐渐改变世界。我们的十个手指是第一套辅助计算工具，但为了能够快速计算更大的数字，人类在3000多年前就发明了一种简便的计算工具——算盘，不过每次运算都需要依据相关计算口诀，由人工拨动算珠进行计算。后来，英国人查尔斯·巴贝奇设计出一台机械计算机，可以反复进行复杂的数学运算。发明电子计算机的想法逐渐萌芽，因为仅靠巴贝奇的计算机是远远不够的。

相加得到"101"（五）。只要将电气开关设置为开（1）或关（0），机器就可以轻松地进行计算，这样人们就可以通过开关设置来输入、保存和处理数据了。

0和1

17世纪末，二进制运算模式的出现推动了电子计算机发明的进程。这个系统虽然只有数字1和0，但它们可以表示任何数字，比如数字二是"10"，数字三是"11"，将这两个数字

电子计算机

从1935年起，康拉德·楚泽开始用薄钢板制造Z1计算机，使用继电器为逻辑元件，但运行起来并不理想。后来，他建造的Z3成为世界上第一台可编程的电子计算机。

硅：芯片的原材料

大多数计算机芯片是一种以硅为原材料制作而成的半导体，而硅是从石英砂中提取而来的。这种半导体材料的导电性能介于导电金属（导体）和非导电非金属（绝缘体）之间。在生产芯片的数百道工序中，新的半导体、绝缘体或金属会不断被添加到硅晶片上，经过专门的工艺在硅晶片上刻蚀出数以百万计的微型晶体管，随后它们将被应用于可以存储电量的开关和电容器中。

第一台电脑

德国工程师康拉德·楚泽设计出两千多个继电器开关来控制计算机，使用二进制的数制系统来控制计算机应用程序。1941 年，他制造出计算机 Z3，这是世界上第一台可编程的计算机。Z3 的程序主要依靠打了孔的旧电影胶片输入，这台计算机可以运行一些基本的代数运算，比如加、减、乘、除和开方。Z3 是第一台由硬件、软件和程序组成的电子计算机，它主要用于数据分析，可以解决大量的复杂计算。

电子管、晶体管、微芯片

当继电器被电子管所取代之后，由数以万计的电子管组成的电子管计算机开始流行。它重达几十吨，需要消耗大量能源，并只能由专业科学家操作。随后，一种更小、更节能的电子开关——晶体管问世，科学家又以晶体管为主要元件研制出小型计算机。当数以百万计的微型晶体管和大量电子元件被封装在微小的硅晶片上时，这些采用微电子技术制成的集成电路芯片——微芯片再次带来了计算机发展史上

的重大突破。1971 年，世界上第一台微处理器诞生，它被称为计算机的核心，由运算器和控制器组成，其中的信息都被存储在具有数百万个晶体管和电容器的存储器芯片中。

小电脑与大电脑

最初，电脑只被用来进行数学运算，随着鼠标、触摸板和触摸式显示屏等新型设备不断出现，计算机逐渐开始识别语音、处理声音和图像。PC（个人计算机）逐渐发展为笔记本电脑、平板电脑和智能手机，它们可以控制家用电器、照相机、玩具、汽车、火车、轮船、飞机、火箭、卫星、太空探测器和机器人等。最快、最强大的计算机可以预测地球上的天气，也可以模拟宇宙的变化。超级计算机每秒钟可以处理数十亿个数字运算，在将来可能会更快。

天河二号

天河二号是当今世界上运行速度最快的计算机之一。几年后，可能还会出现更好、更快的超级计算机。

互联网——全球网络通信

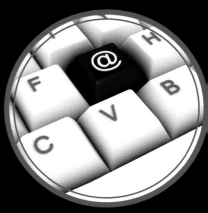

1971 年，第一封电子邮件通过阿帕网发送出去。符号 @ 是电子邮件地址的组成部分，它也被叫作"蜘蛛猴"。

万维网（WWW）看不见摸不着，但它的功能十分强大。我们每天通过互联网发送电子邮件，网上购物，在线阅读，浏览照片和观看电影，互联网已经渗透到我们的日常生活中。但互联网并不是天然存在的，它也是人类的一项伟大发明。

互联网的起源

互联网的发明灵感源于美国。20 世纪 60 年代后期，科学家们想要将计算机互相连接在一起，实现数据的快速交换，美国国防部高级研究计划署 ARPA 制定了互联网研究协定。最初，只有一些研究机构和大学的计算机通过阿帕网 (ARPANET) 互相连接。1971 年，程序员雷·汤姆林森将第一封电子邮件从一台电脑发送到另一台电脑，他还给计算机设立地址，并用分隔符 @ 区分用户名和电脑所在的网络位置，这个符号的发音是英文"at"（艾特）。到了 20 世纪 70 年代，其他计算机网络也纷纷出现。为了让所有计算机能够相互通信，必须先开发一种通用语言。1977 年，这种通用的语言由计算机传输控制协议（TCP）引入，互联网成功将弗吉尼亚州、旧金山和伦敦的计算机连接起来，这标志着网络时代正式到来。从 1987 年开始，声耦合器（调制解调器）顺利将计算机连接到电话网络，它可以把计算机数据转换成声音信号，也能将声音信号转换为计算机数据，数据便可以通过电话线完成传输了。

数据传输

照片、电子邮件或音乐通过网络互相传输，但一般不会采用单个大型文件的形式，而是被分解为多个小数据包。每个数据包都有一个目标地址，也就是目标计算机的互联网协议地址（IP 地址）。服务器控制数据流，路由器将数据包发送给目标计算机，然后再将它们重新组装成一个大文件，这样就能高效、均匀地使用网络了。

:-) 开 心

:-(生 气

;-) 眨 眼

:-O 惊 讶

:-D 大 笑

微笑表情

有时，我们很难逐字逐句阅读长篇的电子邮件或短信，表情符号可以帮助我们表达感受和情绪。大多数时候，人们都喜欢用微笑表情！

1987 年，艾伦·泰尔曼发明了声耦合器，但当时的计算机通信还不太发达。

一个联通的世界

　　在 20 世纪 60 年代以前，谁也想不到计算机网络可以将全世界联系在一起。互联网的成功离不开前人的贡献，比如数据打包方法和各种计算机网络通信协议。网页浏览器和 HTML 开始成为互联网的入口，电脑变得越来越便宜，使用越来越便捷，传播速度也越来越快。电脑的外形从过去研究机构的大型计算机发展到今天的便携式笔记本电脑、小型平板电脑和智能手机，有了这些小型电脑，我们就可以通过移动网络快速获取信息了。此外，每个人都可以在网络上分享自己的文字、照片和视频，还可以把它们直接分享给其他人。然而互联网也有潜在的危险，比如滥用数据、盗用身份等，诈骗分子可以在购物网站购买用户信息，用户还有被监控的潜在风险。

互联网的未来

　　未来，将日常用品智能化将成为互联网的巨大工程，比如智能冰箱、智能眼镜、智能衣服等，智能冰箱可以监控食品的保质期，并自动在网上商店订购食品；智能眼镜可以自动联网，不断更新信息，准确定位我们所在的地方，识别路人的身份等；智能衣服可以监控我们的健康状况，监控人体心跳频率等基本信息，并可在紧急情况下自动呼叫医疗服务。我们无法测未来互联网的发展趋势，但它确实彻底改变了我们的生活，就像当初人们发现电一样。

物联网

未来购物会是这样吗？智能冰箱（1）自动监控牛奶或鸡蛋的保质期，并且自动在网上超市（2）订购食品，无人机（3）将购买的东西快速送到家，（4）主人就可以愉快用餐了！

仿生学——
来自**大自然**的**灵感**

大自然是一位足智多谋的发明家,仿生学就是以大自然为基础的科学,它研究自然现象,发现其中的原理,并把这些原理应用于科技研发。几百年前,天才科学家达·芬奇就曾大胆尝试模仿大自然,他通过研究鸟的翅膀产生了发明飞行器的灵感,但他的飞行器只停留在草图设计阶段。直到几百年后,人们才发明出真正实用的飞行器。现在的飞机制造商通过模仿鸟的拱形翅膀和老鹰飞翔时向上倾斜的羽毛设计出各种机翼类型。机翼末端上翘的翼梢小翼可以减少涡流的强度,从而减小飞行时的空气阻力和燃料消耗,让飞行变得更加环保。

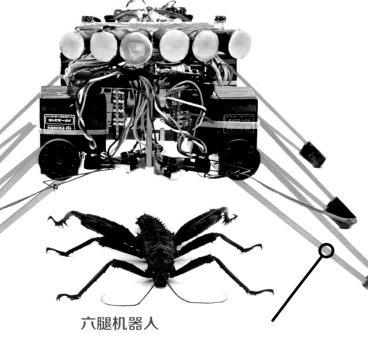

六腿机器人

工程师们研究昆虫如何用六条腿走路,利用这些知识和原理,建造了一款六腿机器人,它可以在不平坦的地面独立而平稳地移动。

完美的解决方案

在数百万年的发展历程中,大自然为工程师们正在攻克的技术难题提供了各种优化模型,例如硅藻的微型结构,硅藻会在显微镜下展现出超轻的高性能机械结构。那些研究组件、桥梁和建筑骨架的设计师们对这些结构很感兴趣,因为他们希望可以在保证高性能的前提下,尽可能减少骨架的重量。

带弯钩的魔术贴

瑞士工程师乔治·德·麦斯他勒喜欢带着他的猎狗去打猎,但每次回家,他都不得不帮猎狗摘下粘满全身的牛蒡果。出于好奇,他用显微镜观察了牛蒡果的结构,他发现牛蒡果的顶端有一个小小的弯钩,让它可以轻松粘在动

人们用塑料模仿牛蒡果上的钩子,制造出魔术贴。

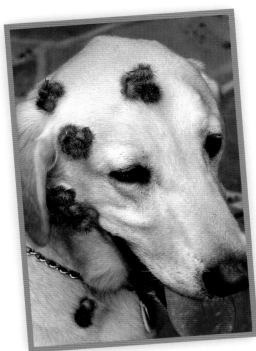

牛蒡果都粘在狗身上!牛蒡果可以牢固地粘在动物皮毛上。

魔术贴的天然模型:牛蒡果。

硅藻

类似于硅藻中的蛛网藻设计可以节省材料。汽车轮圈由外框和轮辐组成，这样既可以节省材料，也能使轮圈更轻、更稳定。

汽车轮圈

物的皮毛上，动物们就会把它带到其他地方。他因此受到启发，发明了魔术贴，里面的小钩子可以自动打开和闭合。1951 年，德·麦斯他勒为魔术贴申请了发明专利。后来，工程师们在此基础上研发出钩环紧固件，它可以承载数吨的牵引力。

自洁植物

植物没有手臂，不能自己洗澡，但它们具有超强的自洁功能。亚洲荷叶生长在泥泞里或潮湿的沼泽地，但它们的叶片总是很干净，因为它们的表面具有自洁功能。如果有真菌孢子或污垢残留在荷叶上，一场大雨就可以把它们冲走。科学家通过显微镜观察发现，荷叶表面有很多微小的蜡质小丘，具有防水性，当雨水流经叶片表面时，可以顺便冲走表面的污垢。工程师充分利用荷叶的这种特性，模仿荷叶的表面，设计和生产出各种自洁产品，比如自洁洗脸盆、自洁外墙涂料和自洁屋顶瓦片等，这些发明为我们的生活带来了极大的便利。

➡ 你知道吗？

"仿生学"一词由"生物学"和"技术"组成，它模仿生物的本领，研制新机器和新技术。

大自然自我清洁。荷叶不吸水，所以水滴会像珍珠一样停留在荷叶表面。利用荷叶的这种特性，人们发明了各种防水防污的物品，比如雨伞。

荷叶上的小水滴。数以千计的植物具有这种自我清洁的本领，比如卷心菜、金莲花和郁金香。试一试在卷心菜叶上滴些水吧！

奇妙的鲨鱼皮

作为超厉害的水下猎手，鲨鱼拥有飞一般的速度，这一切都多亏了它特殊的皮肤。鲨鱼的皮肤像砂纸一样粗糙，由像屋顶瓦片一样排列的小牙齿组成，这些突起的小牙齿（盾鳞）像微小的沟槽顺着身体方向连续铺排。当鲨鱼游动时，粗糙的表面会产生数以百万计的微小漩涡，穿着这套"涡流服"，鲨鱼就可以像滚珠轴承一样在水中滑行。科学家根据鲨鱼皮的沟槽结构，研制出鲨鱼皮涂料，把它涂在飞机的机翼和机身表面，飞机的飞行阻力就会不断减小，飞行油耗也会明显降低。这些发明向我们展示了自然界和仿生学是如何帮助人类进行发明创造的，因此，我们还需继续深入了解自然，让它激发我们更多的发明灵感。

未来的
发明

几千年来，人类社会产生了各种各样的发明创造。每个时期的发明创造都为人类带来了便捷，有些发明甚至彻底改变了人们的生活。在未来50年、100年甚至1000年，人类会有哪些新发明呢？它们又会如何影响我们的生活呢？我们对此一无所知。

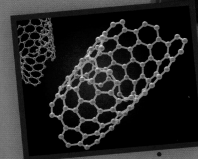

一种由纳米管构建的微型工作台。

纳米技术

微小的纳米粒子可以在血管中将药物输送到指定的位置。纳米技术还可以制造出与我们身体细胞一样大小的纳米机器人，它能自带驱动器，夹持臂和传感器。这些微型机器人会被注入血液中去寻找病原体，杀死癌细胞，并清除血管壁上的沉积物。

机器人——人类的伴侣

二重身和超强助手

未来机器人可能会越来越像人类，而人类则越来越机器化。人类用思维操控机器，穿上动力服就能化身机器人。动力服是一种外观酷似骨骼框架、可以穿在人身上的机动机器，穿上它以后，人们可以在身处险境时开展救援工作。未来，动力服还会让人拥有"超能力"，帮助人们在地球、月球或火星上完成大型机械的搬运和装卸工作。或许在人工智能的帮助下，机器人会比人类更聪明，但对于大多数人来说，这可是一个令人不安的消息。虽然机器人会给予我们很大的帮助，但它们会有自己的想法和意识吗？谁将控制谁？机器人会控制人类吗？这些问题都值得我们深思。

动力服

人人都可以成为钢铁侠！漫画中的超级英雄穿着一件让他无懈可击、所向无敌的动力服。

宠物机器人

在日本，人们对待机器人的态度比欧洲人更开放。海豹机器人是一个长毛绒的宠物机器人，它可以陪伴老年人。未来机器人可以拥有更多人的特征，比如面部表情、手势和同情心。我们会和机器人做朋友吗？

人形机器人

人形机器人拥有酷似人类外形的特征，比如动作和神态，它们会成为人类的二重身。在未来，我们能否区分出酒店的前台到底是人还是机器人呢？

立体技术

3D 显示器

我们或许从科幻电影中见过3D 显示器，有时候我们也称它为立体显示器。在图片中，技术人员正在想方设法创建立体图像。今天，我们已经可以在自家客厅观看 3D 电影或玩 3D 电脑游戏了。

新型电脑

硅技术即将达到物理极限，人类需要研发其他材料来代替硅，比如石墨烯（一种碳）或有机分子。目前科学家们正在研究一种全新的计算机——量子计算机。在传统计算机中，信息由比特（即 0 或 1）表示，而量子计算机则用量子比特表示，允许信息处于除 0 或 1 的二进制状态之外的多个状态，人们可以用它来解决未来的计算问题。

新能源——扩展宇宙空间

新型太空驱动器

比光速还快？不可思议！现在，科学家们正在研究科幻作品，不断研发新的太空推进力，或许有一天也可以接近光速。目前，离子推力器已经通过测试，它可以在电场中加速带电粒子。在未来，装有大型超轻金属帆的太空飞船也许能利用太阳光的光压来加速。还有融合驱动器，它可以在太空飞行过程中帮助飞船收集太空燃料。

人工光合作用

借助光合作用，我们可以大量获取太阳能。植物通过光合作用，把二氧化碳和水转化为有机物，并释放大量氧气。在未来，人造树叶或许可以直接利用太阳能，将水分解为氧气和氢气。而在燃料电池中，氢气也可用来创造能量。

无穷无尽的能源

人类对能量有无穷无尽的需求，但地球上的石油、煤炭和天然气等化石燃料并不是取之不竭、用之不尽的。虽然核电厂可以产生大量的电力，但放射性污染等潜在风险不可忽视。未来，也许我们可以通过大型核聚变发电厂融合原子核来获取能量，发明家也许还会想出全新的能源生产方式。

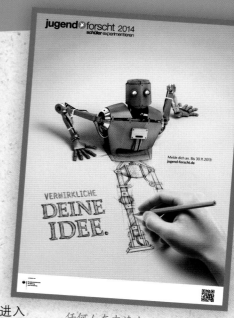

寻找未来科学家

"欧盟青少年科学家竞赛"是欧洲数学和科学领域最大的科技竞赛，它吸引了许多对自然探索或发明创意有浓厚兴趣的青少年参与。21岁以下的年轻研究员和发明家均可以参加比赛，其中小学4年级以上、15岁以下的学生可以参加"学生实验"的比赛项目，参赛者可以以个人身份参加，也可以以两三人一组的发明团队身份参加。这项比赛分为七大主题：社会科学、生物、化学、地理与空间科学、物理、工程以及数学与计算机科学。那些喜欢动脑动手的参赛选手先参加地区淘汰赛，优胜者进入州级竞赛，最出色的参赛者可以进入联邦决赛。获奖者可以赢得现金、奖品、研究经费和考察旅行，未获奖的参赛者也将受益匪浅，因为赞助商会组织一些有趣的社交活动，参与者可以结识更多的朋友。无论如何，这项比赛都很有意义，许多学校还自发成立了"青少年科学家竞赛工作组"来支持这个项目。

任何人在申请专利之前都应该仔细检查，这是需要重点考虑的因素。

更多信息

如果你对科技发明有浓厚兴趣，你也可以参与"全国青少年科技创新大赛"等科技竞赛。未来科学家，等你来挑战！

重金属毁灭者

马克西米利安·塞德尔和丽莎·舒赫哈德利用细菌来清洁被重金属污染过的土壤。

小铂金——大力量

尼克拉斯·克罗（右）、弗洛里安·伯特霍尔德（中）和帕斯卡尔·伯特霍尔德（左）发明了燃料电池，这种电池由氧气和氢气产生电能和热能。这三位年轻的研究者研发出一种提炼工艺，他们在电极涂上一层非常薄的贵金属铂，节省了近90%的贵金属。

车轮安全制动

当汽车刹车时，亮起的红色刹车灯会提醒后面的司机。罗宾·塞西和尼古拉斯·阿尔伯蒂发明了自行车刹车灯，这种自行车还可以在驾驶途中给手机充电。

六足侦探

菲利普·曼德、安塞尔姆·德瓦尔德和罗宾·布劳恩共同发明了一种六足侦察机器人，它小巧轻便，可以通过智能手机轻松地进行操控，还可以在倒塌的建筑工地发送实时图像。

肉汤中的氢气

当物质被微生物分解时，它会冒泡发霉，因为它产生了许多不同种类的气体。亚历山大·埃姆哈特发明了一种电解方法，可用于回收不含杂质的纯净水。

座头鲸模型

来自科布伦茨的苏珊娜·多莫加拉想要改进飞机机翼，她将电极连接到机翼模型上，让机翼上的空气带电，从而改变气流。受座头鲸鱼鳍形状的启发，她找到了最佳的电极排列方式。

节能型洗衣机传感器

为了节能和环保，黛娜·特兰和沃尔夫冈·克卜勒研制出一种洗衣机传感器，它既能提升衣物的清洁度，又可以节省洗涤剂的用量。这两位年轻的研究员已经为他们的发明申请了专利。

自行车雷达

奈杰尔·瑞星（左）和麦克斯·昂特热（右）发明了自行车雷达。如果有车靠近自行车，这个自行车雷达就会发出警报。有了这项发明，这两个13岁的孩子就能知道他们上学途中哪些地方是危险的，也会更注意安全。

高科技泳裤

如何在水中更安全、更开心地玩耍？来自不来梅的伊丽莎白·科诺（右）和梅琳娜·勃兰特（左）发现截瘫患者在泳池中游泳很困难，于是她们发明了一种带内置气室的氯丁橡胶泳裤，帮助残疾人在水中更轻松地玩耍。

超级光源
访谈录

记者不远千里来到美国西海岸，在旧金山附近的利弗莫尔参观了世界上最古老但仍发亮的白炽灯泡。这个灯泡位于第 6 消防站，从 1901 年一直亮到现在。它身旁的新伙伴是 OLED（有机发光二极管），它出现的时间并不长。它们俩到底谁更厉害呢？

你好，灯泡先生！请问你是怎样庆祝你的 100 岁生日的呢？肯定超级隆重吧！

灯泡：超大的数百人生日聚会，超嗨的现场乐队，超美味的蛋糕和牛排！庆祝仪式很盛大，但我一刻都不能闲着，我得负责整个会场的灯光，服务毕竟是服务嘛。几百人为我唱响生日快乐歌，一切都太棒了！

姓名：白炽灯泡，简称灯泡
类型：热光
爱好：消防车和消防员

你从来没有熄灭过吗？

灯泡：不不不，在 20 世纪 30 年代，消防站翻新的时候我熄灭过，中途还停过几次电。但只要人类需要我，我就会不停地发光，一刻不停地燃烧自己。我是一盏应急灯，所以日日夜夜地执勤。1901 年 6 月 8 日，电流突然穿过我的全身，我就正式上岗了，开始执行照明任务！

你不仅发光，还不断发热，这需要消耗很多能源吧！

灯泡：世上没有完美的东西。

的确，世上没有完美的东西。OLED，你怎么看呢？

OLED：我就很完美啊！我很节能，不会发热，也不会烫伤人们的手，我就是未来的超级光源。灯泡先生的时代已经过去了，还是早点退休，让我们年轻人来接班吧！

灯泡：等等！年轻人慢慢来，我干净利落，而且造型特别。看看你们的线条，我才不要像比目鱼一样扁平（指向 OLED）呢！

OLED：平整是新潮流、新趋势。人们可以把我像墙纸一样放在墙上或窗边。白天我是透明的，晚上就能点亮黑夜，而且我发光均匀，不伤眼。有必要的话，人们也可以把我放到弯曲的金属箔里。

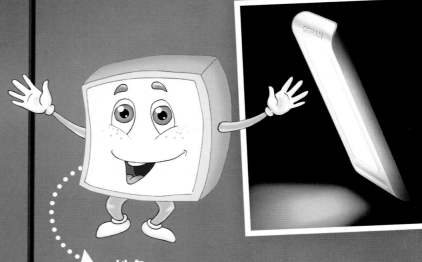

姓名：OLED，有机发光二极管的英文缩写
类型：冷光
爱好：照明和科技发明

灯泡先生，你有什么想反驳的吗？

灯泡：我坐过皮卡车。那是在 1976 年，我从旧消防局搬家了。当时消防队从市中心搬到东大道，他们小心翼翼地把我包装好，我就坐在一辆皮卡车的前座，还有警察护送，只有重要的贵宾才会享受这种待遇。

OLED：哇！可就算你坐过皮卡车，但也只能发出暗淡的光。现在的照明时代真的不一样了。

是的，OLED 说得也没错。灯泡先生你是多少瓦呢？

灯泡：我现在只有 4 瓦，但我体内还有很大的能量。以前我是消防队的幸运物，消防员出任务前都会摸一下我，但现在没人敢这么碰我一下了，因为要是我被弄坏了，不亮了，他们是要受罚的，我感觉有一点失望和失落。

你活了一百多年，一定见过很多有趣的发明吧？

灯泡：简直数不胜数，马车、汽车、飞机……以前压根没有手机和电脑。太不可思议了，我亲眼看见了这一切……呃……但我至今还亮着。我还看到好莱坞团队为我量身打造了一部电影，叫《百年光影》。对了，我还是吉尼斯纪录的保持者呢！

OLED，听说你很厉害，你能给我们露一手吗？

OLED：我可以将电能转换成光能，也可以将光能转化成电能。我还可以像相机那样拍摄动态图像，然后用显示器播放这些图像。人们一摸我，我就会自动变暗、变亮，或者熄灭。

灯泡（咽口水）：哇，你简直就是多面手！

白炽灯点亮了黑夜，改变了人们的生活。但我们也要面对"电力和节能"这个现实。

没错！这就是超级光源的接力赛！灯泡有着辉煌的过去，而 OLED 会有一个光明的未来！

灯泡和 OLED（异口同声）：对，超级光源接力赛！

名词解释

手机一直在更新换代，智能手机就是从这个最早的烛台手机发展而来的。

二进制：用 0 和 1 两个数码表示数字的系统，计算机利用这个系统来存储信息。

避雷针：安装在建筑物顶端可避免雷击的装置，它连接到地面，在闪电时将雷电引到地下。

三维，3D：由长度、宽度和高度叠合而成的立体空间维度。纸是二维的，有长度和宽度，薄薄的厚度可以忽略不计。但砖头就有三个维度，这就是空间的维度。

电磁波：同向振荡且互相垂直的电场和磁场在空中传播的振动能量波，可见光、红外线、紫外线、X 射线和无线电波都属于电磁波。

直流电：一种大小和方向都不会变化的电流。

工业革命：250 多年前，工业革命起源于英国，蒸汽机的问世推动了工业革命的进程。它从英国传播至欧洲大陆和北美，然后迅速蔓延到世界各国。

核聚变：质量较轻的原子核互相聚合，形成质量更重的原子核的一种核反应形式。例如：两个氢原子核可以聚变为一个氦原子，同时释放能量。

核裂变：质量较重的原子核分裂成两个或多个质量较轻的原子核的一种核反应形式。

活 塞：作为汽车发动机中的枢纽部位，活塞会借助蒸汽或气体爆炸力来回移动。

合 金：由两种或两种以上金属与金属或金属与非金属合成的具有金属特性的材料。

膜：可吸收或产生声波的弹性薄片。

微芯片：俗称集成电路，它是融合半导体材料硅，采用微电子技术制成的集成电路芯片。

专 利：专利局授予发明者的专有权利，发明者可以在有限的时间内生产、使用和转让发明专利。

无线电波：在自由空间传播的电磁波，将信息加载于无线电波之上即可快速传播。

X 光：一种具有穿透性的电磁波，它能量巨大，产生的辐射会对人体造成伤害。

（人造）卫星：环绕地球在空间轨道上运行的无人航天器，可用于广播电视节目信号接收、信息数据传输、气象观测等。

听诊器：医生用来听人体内声音的医用诊断仪器。

电 报：长距离传输编码信息的工具。

涡轮机：利用流体冲击叶轮转动而产生动力的发动机。

内燃机：通过在燃烧室中燃烧燃料，并将其释放的热能转化为动能的热力发动机。常见的内燃机包括汽油发动机、柴油发动机和喷气发动机。

交流电：大小和方向发生周期性变化的电流。

赛璐珞：用于制作电影胶片的透明材料。

气 缸：蒸汽机、汽油发动机或柴油发动机的壳体，它会引导活塞在缸内进行直线往复运动。

内 容 提 要

本书向读者介绍了人类历史上那些智慧的结晶——世界发明。改变世界工业史的蒸汽机是谁发明的？电灯、汽车这些都是谁发明的？《德国少年儿童百科知识全书·珍藏版》是一套引进自德国的知名少儿科普读物，内容丰富、门类齐全，内容涉及自然、地理、动物、植物、天文、地质、科技、人文等多个学科领域。本书运用丰富而精美的图片、生动的实例和青少年能够理解的语言来解释复杂的科学现象，非常适合 7 岁以上的孩子阅读。全套书系统地、全方位地介绍了各个门类的知识，书中体现出德国人严谨的逻辑思维方式，相信对拓宽孩子的知识视野将起到积极作用。

图书在版编目（CIP）数据

伟大的发明 /（德）曼弗雷德·鲍尔著 ； 张依妮译
. -- 北京 ：航空工业出版社，2022.3（2024.2 重印）
（德国少年儿童百科知识全书 ：珍藏版）
ISBN 978-7-5165-2886-0

Ⅰ．①伟… Ⅱ．①曼… ②张… Ⅲ．①创造发明—世界—少儿读物 Ⅳ．① N19-49

中国版本图书馆 CIP 数据核字（2022）第 025085 号

著作权合同登记号
图字 01-2021-6326

ERFINDUNGEN Genie und Geistesblitz
By Dr. Manfred Baur
© 2015 TESSLOFF VERLAG, Nuremberg, Germany, www.tessloff.com
© 2022 Dolphin Media, Ltd., Wuhan, P.R. China
for this edition in the simplified Chinese language
本书中文简体字版权经德国 Tessloff 出版社授予海豚传媒股份有限公司，由航空工业出版社独家出版发行。

伟大的发明
Weida De Faming

航空工业出版社出版发行
（北京市朝阳区京顺路 5 号曙光大厦 C 座四层 100028）
发行部电话：010-85672663 010-85672683

鹤山雅图仕印刷有限公司印刷　　全国各地新华书店经售
2022 年 3 月第 1 版　　　　　　2024 年 2 月第 5 次印刷
开本：889×1194 1/16　　　　　字数：50 千字
印张：3.5　　　　　　　　　　　定价：35.00 元

船的故事
从独木舟到远洋帆船

飞机的秘密
人类飞行的梦想

火山探秘
来自地底的火焰

七大奇迹
上古时期的宝藏

汽车世界
精彩的汽车发展史

鲨鱼家族
海洋里的冷血杀手

百变天气
阳光、风和暴雨

穿越大自然
探究与保护

鲸和海豚
海洋里的哺乳动物

恐龙王国
称霸消失的地球霸主

矿物与岩石
闪闪发亮的宝藏

爬行与两栖动物
壁虎、蜥蜴和鳄鱼

大自然的力量
难以估量的威力

改变世界的电
高电压与超导体

各种各样的鱼
水下的奇妙世界

猫的家族
拥有柔软脚爪的敏捷猎手

奇境森林
动物和植物的天堂

忠诚的狗
四只爪子的朋友

浩瀚宇宙
宇宙的秘密

狼的故事
走进荒野猎食者的领地

蚂蚁和白蚁
了不起的建筑师

美丽的蝴蝶
色彩斑斓的自然精灵

蜜蜂和胡蜂
美味的蜂蜜与可怕的蜇针

潜水的魅力
潜入水下的迷人世界

古老的希腊文明
诸神、英雄和诗人

古罗马生活
古罗马城的社会百态

欧洲风情
人口、国家和文化

骑士时代
城堡、比武大会和贵族女性

舞动的音符
走进音乐的奇妙世界

古老的城堡
中世纪的见证

熊的秘密生活
棕熊、大熊猫、北极熊

化石档案
生命的痕迹

奇妙的昆虫
六条腿的生存艺术家

极地世界
生活在冰雪王国

神秘的蜘蛛
线织上的猎手

大象王国
温和的"巨人"

海底宝藏
沉没的宝藏

海洋之谜
海洋研究与保护

火星登陆
红色星球定居计划

忙碌的农场
动物、植物与农业机械

时尚魅影
时尚的古与今

全球气候
冰期和气候变化